인류 역사상 가장 중요한 수학책

마 제10권 (상)

제2판

기하학원론

무리수

유클리드 지음 이무현 옮김

KYOWOO

머리말

유클리드가 쓴 [기하학 원론]은 인류 역사상 가장 중요한 수학책이다. 이는 논란의 여지가 없는 사실이다. [기하학 원론]이 왜 이토록 중요한가?

유클리드는 이집트 알렉산드리아에서 활동한 수학자이며, 서기전 300년 무렵에 사망하였다. 그 당시 알렉산드리아는 범그리스 제국에 속하였으며, 그리스의 철학, 수학, 천문학이 집대성되는 지식의 용광로였다. 유클리드가 당시 그리스의 수학 지식을 모두 모아서 체계적으로 분석하고 정리한 것이 [기하학 원론]이다. 기하학 뿐만이 아니라 비율, 약수, 배수, 서로 남남, 홀수, 완전수, 무리수 등등 수학의 모든 내용을 포괄적으로 담고 있다. 그 후 오늘날에 이르기까지 모든 수학을 지배하고 있는 수학의 근본 설계도가 바로 [기하학 원론]이다.

로마 제국이 멸망한 이후, 정작 유럽 본토에서 [기하학 원론]은 구해 보기가 어렵게 되었으며, 중동 이슬람 문화권에서 오히려 [기하학 원론]이 널리 보급되었다. 그 이후 중세 말, 르네상스 시대가 되면서, [기하학 원론]은 중동에서 유럽으로 역수입되었다. 처음에는 필사본으로서 보급되었으며, 최초의 인쇄본은 1482년에 이탈리아 베네치아에서 출판되었다. 그 후 수백 년 동안 유럽의 여러 국가, 여러 수학자들이 [기하학 원론]을 번역, 출판하여서, 온갖 다양한 판본들이 존재하게 되었으며, 그 내용도 일부 누락되거나 추가되는 등등 혼선이 빚어졌다.

다행히 영국의 토마스 히드가 그 모든 판본들을 종합, 참조하여서, [기하학 원론]을 영어로 번역, 출판하였다. 히드는 고대 그리스 수학에 관한 최고의 권위자로서, 유클리드, 아르키메데스, 아폴로니우스 등등 고대 그리스의 위대한 수학자들의 중요한 저작들을 번역, 출판하였다. 히드가 출판한 [기하학 원론]은 가히 [기하학 원론]의 최종적, 종합적 완결판이라 할 수 있다.

히드는 [기하학 원론]의 그리스어 원전은 물론이고, 많은 번역자, 편찬가들의 다양한 해석과 주석을 종합해 놓았다. 게다가 플라톤, 아리스토텔레스 등등 고대 철학자들의 다양한 저술들을 참조하여서, [기하학 원론]의 온갖 내용들에 관한 심오한 수학사적, 철학적 배경들을 다루어 놓았다. 이는 물론 고대 그리스 철학에 대한 심오한 지식을 갖추고 있는 히드만이 할 수 있는 일이며, [기하학 원론]을 더욱 풍성하고 값어치 있게 만들어주고 있다. 독자 여러분들은 이 책을 읽으면서, 히드의 심오하고 방대한 지식에 경탄을 금치 못할 것이다.

유클리드의 [기하학 원론]은 전부 13권으로 구성되어 있다.

제 1권에는 기하학의 기본 용어들에 대한 정의와 유클리드 기하학의 근본이 되는 공리들이 제시되어 있다. 1권의 내용 중에 가장 중요하고 가장 크게 논란이 된 부분은 평행선 공리인 '공리 5'이다. 후대의 수학자들은 2,000여 년 이상의 세월에 걸쳐서, 공리 5를 증명하려고 시도를 하였다. 그러나 비유클리드 기하학이 모순 없이 성립함이 밝혀지면서, 공리 5는 '증명할 수 없음'이 증명되었다. 바꿔 말하면, 유클리드가 평행선 공리를 공리로서 채택한 것은 올바른 결정이었다. 히드는 공리 5와 관련된 많은 수학자들의 증명 시도와 그 의의를 상세하고 일목요연하게 소개해 놓았다.

1권에서 그 다음으로 중요한 내용은 '피타고라스의 정리'이다. 유클리드는 독창적인 방법으로 피타고라스의 정리를 증명해 놓았는데, 그의 증명 방법은 오늘날에도 피타고라스의 정리를 증명하는 표준 방법으로서 가장 널리 사용되고 있다. 히드는 피타고라스의 정리의 기원과 그 역사, 유클리드가 새로운 증명 방법을 발견해야 했던 이유를 소상하게 설명해 놓았다.

제 2권에서는 이른바 '기하학적 대수학'을 도입해 놓았다. 오늘날 우리들은 알파벳을 사용하여 미지수를 나타내는 편리한 방법으로 대수학을 공부하지만, 이러한 기법이 도입된 것은 불과 수백 년 전이다. 그 이전에는 다른 방법으로 대수학을 연구해야 했는데, 고대 그리스에서는 고도로 발달한 기하학을 사용하여 대수학을 연구하였다. 2권은 그 내용을 담고 있다. 제 3권은 원의 성질을 다루고 있으며, 제 4권은 원에 내접, 외접하는 다각형을 다루고 있다.

제 5권은 비율 및 비례식을 다루고 있는데, 비율을 정의한 정의 5는 [기하학 원론]의 전체 내용 중에 평행선 공리에 이어 두 번째로 많은 논란과 혼동을 초래하였다. 그렇지만 사실 유클리드의 정의 5는 완벽하고 올바른 정의였다. 후대 수학자들이 혼란스러워한 까닭은, 그들의 노력과 이해력이 부족했기 때문이었다. 유클리드의 이 정의는 유리수의 조밀성을 사용하여 무리수 및 실수 체계를 예비해 주고 있다. 히드는 이 모든 사항들을 잘 정리하여 설명해 주고 있다. 제 6권은 닮은꼴 도형들을 다루고 있는데, 기하학적 대수학을 사용하여 이차방정식의 근의 공식을 제시하고 있다.

제 7권은 정수론을 다루고 있다. 홀수, 약수, 배수 등등을 다루고 있으며, 최대공약수, 최소공배수를 찾는 유클리드의 알고리듬을 제시해 놓았다. 제 8권은 정수들의 기하 수열을 다루고 있다. 제 9권은 7권,

8권의 내용들을 사용하여서, 홀수와 완전수를 다루어 놓았다. 근대의 많은 수학자들은 9권의 내용에 매혹되어서, 정수론 연구에 매달렸다.

제 10권은 무리수를 다루고 있다. 무리수를 처음 발견한 것은 피타고라스 학파였다. 피타고라스의 정리는 변의 길이가 1인 정사각형의 대각선이 무리수라는 필연의 결과를 낳고 말았으며, 이는 엄청난 충격과 공포를 초래하였다. 그러나 차츰 세월이 흘러가면서, 수학자들은 무리수라는 괴물을 분석하고 연구하기 시작하였다. 10권은 유클리드의 시대에 이르기까지의 그 연구 결과물이라고 하겠다.

제 11권에서는 입체 도형이 등장하여서, 삼차원 공간의 기하학을 다루기 시작한다. 제 12권에서는 이른바 '소진법'을 사용하여서, 입체 도형의 부피를 다루고 있다. 소진법은 정적분의 기본 기법이며, 유클리드 직후 세대의 수학자인 아르키메데스는 소진법을 사용하여서 구의 부피와 겉넓이 등을 구하였다. 제 13권에서는 다섯 개의 정다면체들을 소개해 놓았다.

오늘날과 같이 수학이 발달한 시대에, 우리 수학자들에게 [기하학 원론]이 왜 꼭 필요한가?

첫째, [기하학 원론]은 살아 있는 수학책이다. 현재 중학교, 고등학교에서 배우는 기하학은 모두 [기하학 원론]에서 나온다. 그러니 [기하학 원론]을 읽어 보면, 학교에서 다루는 내용을 좀더 폭넓게, 깊이 있게 이해할 수 있으며, 특히 수학 선생님들에게 [기하학 원론]은 필독서이다.

둘째, [기하학 원론]은 수학의 역사이며 족보이다. 어떤 이론을 배우든, 그것이 나오게 된 배경과 기원을 아는 것은 그것을 이해하는 데 크게 도움이 된다. [기하학 원론]은 오늘날 모든 수학의 조상이며, 수학의 근본 설계도이다.

셋째, [기하학 원론]은 살아 있는 철학이며 정신이다. 위대한 학자들의 위대한 저작물을 읽으면, 우리는 그 학자의 정신과 고뇌를 읽을 수 있다. 유클리드의 위대한 정신, 그리고 그것을 더욱 풍성하게 열매 맺게 한 히드의 노고는 우리 모든 수학자들에게 꼭 필요한 영양제라고 하겠다.

이 책을 출판해 주신 교우사 오판근 사장님과 책을 만드느라 고생을 하신 편집부 모든 분들께 깊이 감사를 드린다. 이 책을 구입해 주신 독자 분에게 깊이 감사를 드린다. 모든 책은 그 책을 구해 보는 독자들 덕분에 존재할 수 있으며, 본 [기하학 원론]이 20여 년 전에 출판된 이후 이제 개정판이 나오게 된 것도 모두 독자 여러분들의 성원 덕분이다.

본 번역자는 이 책을 번역하면서, 유클리드와 토마스 히드의 정신을 살리기 위하여 최선의 노력을 다하였다. 독자 여러분들이 이 책을 읽으면서, 유클리드와 토마스 히드의 정신과 철학을 흠뻑 만끽하기 바란다. 이 책의 모든 공은 유클리드와 토마스 히드의 몫이며, 모든 과는 본 번역자의 몫임을 밝히는 바이다.

번역자 이무현 씀.

차례

제10권 무리수

제10권에 대한 전반적인 해설

우리가 이미 앞에서 살펴보았듯이(1권 법칙 47 참조), 무리수를 발견한 것은 피타고라스(Pythagoras) 학파 사람들이었다. [기하학 원론] 10권에 덧붙여 놓은 주석을 보면, 같이 잴 수 있는지 여부를 처음 연구한 사람들은 피타고라스 학파 사람들이며, 그들은 수를 관찰하는 방법으로 발견하였다고 한다. 주석에 따르면, 그들은 모든 양들을 공통으로 잴 수 있는 것이 아님을 발견하였다.

"그들은 같은 양을 가지고 잴 수 있는 모든 양들을 같이 잴 수 있다고 말했고, 같은 양을 가지고 잴 수 없는 것들을 같이 잴 수 없다고 말했다. 그런데 그러한 양들은 다른 어떤 양을 가지고 그들 나름대로 같이 잴 수 있으니, 그들은 다른 것들과 같이 재지 못 하는 것은 아니다.

그러니 재는 단위가 무엇이냐에 따라, 같이 잴 수 있는 것들이 달라지게 된다. 그러나 이것들이 달라지기는 해도, 모든 것들을 모든 것들과 같이 잴 수 있는 게 아님을 증명하였다.

상대적 개념으로 보아, 모든 것들은 바를 수도 있고 바르지 않을 수도 있다. 그러므로 같이 잴 수 있다, 같이 잴 수 없다는 개념은 양들을 '자연스럽게' (그 본성에 따라서) 분류한다. 반면에 바르다, 바르지 않다는 개념은 '가정'에 바탕을 둔다."

주석은 계속해서 다음 전설을 소개하고 있다. "피타고라스 학파 사람들 중에, 이러한 연구를 처음 대중에게 알린 사람은, 배가 난파하는 바람에 물에 빠져 죽었다."

그러나 이 이야기를 지어 낸 사람은 아마 비유적으로 그랬을 거라고 추측하였다. "무리수에 관한 것들과 형태가 없는 것들은 꼭꼭 숨어 있다. 우리가 성급하게 이 영역에 뛰어들어서 문을 열어 제치면, 우리는 엄청난 변화의 바다에 휩쓸려 들어가, 그 격렬한 파도에 뒤덮이게 될 것이다."

무리수의 발견을 상당 기간 비밀로 해야 했던 이유가 또 있다. 피타고라스 학파의 비율(비례식) 이론은 수들에 바탕을 둔 불완전한 것이었다. 그러니 무리수의 발견은 기하학의 근본을 뒤흔들어서 불안정하게 만들었다. 우리는 이미 앞에서, 탄네리의 말마따나, 같이 잴 수 없는 양들의 발견이 기하학의 근본 구조를 완전히 뜯어고치게 만들었으며, 같이 잴 수 있는 양들은 물론 같이 잴 수 없는 양들에도 적용할 수 있는 일반적인 비례 이론의 발견을 촉발하였을 가능성을 논하였다.

정사각형의 대각선의 길이, 즉 직각 이등변삼각형의 빗변의 길이로부터 무리수를 발견하였음은 확실하다. 플라톤에 따르면([테아에테투스]), 키레네의 테오도루스(Theodorus of Cyrene)는 제곱근에 대해서 써 놓았으며, 3의 제곱근(넓이가 3인 정사각형의 변)과

5의 제곱근(넓이가 5인 정사각형의 변)은 1의 제곱근과 같이 잴 수 없음을 증명해 놓았다. 그는 이런 식으로 17의 제곱근까지 따져 놓았는데, 거기에서 멈췄다. 그런데 그는 2의 제곱근에 대해서는 언급하지 않았다. 2의 제곱근은 무리수(1과 같이 잴 수 없는 수)임이 이미 밝혀져 있기 때문에 그랬던 것 같다.

피타고라스는 변들의 길이가 유리수인 직각삼각형을 발견하는 공식을 만들었다. 그러니 피타고라스 학파 사람들이 이것을 써서, 다른 직각삼각형의 변들과 빗변 사이의 관계를 연구한 것은 당연한 일이다. 그들이 직각 이등변삼각형을 깊이 연구한 것도 당연하다. 그들은 대각선의 길이를 재려고 시도하였으며, 유리수(분수)를 써서 차츰차츰 근삿값을 구해서 $\sqrt{2}$ 에 이르려고 시도를 하였지만, 아무리 시도해도 $\sqrt{2}$ 의 정확한 표현을 얻을 수 없었다. 그러나 그러한 표현이 '불가능하다'는 결론은 대단한 도약이었으며, 피타고라스 학파는 이 대단한 도약을 이룩하였다.

스미르나의 테온을 비롯한 여러 사람들이 설명해 놓은, 이른바 '변수'와 '대각선수'의 개념을 정립한 것은 피타고라스 학파이다. 그리고 [기하학 원론] 2권 법칙 9, 10은 피타고라스 학파가 $\sqrt{2}$ 의 근삿값을 구하는 방법과 관련하여 사용하였다. 유클리드가 이 법칙들을 증명하는 방법 자체가, 이들이 $\sqrt{2}$ 의 연구와 관련되어 있음을 보이고 있다. 유클리드는 두 개의 직각 이등변삼각형들로 구성된 그림을 사용하고 있기 때문이다.

피타고라스 학파가 $\sqrt{2}$ 와 1을 같이 잴 수 없음을 실제로 증명한 방법은, 아리스토텔레스가 언급해 놓았듯이([분석론 전서]), 모순을 이끌어 내는 방법임이 확실하다. 만약 대각선의 길이와 변의 길이를 같이 잴 수 있으면, 한 수가 홀수이면서 동시에 짝수이어서 모순이 생긴다. 이 증명 방법은 [기하학 원론] 10권 법칙 117로서 나왔다. 그러나 이것은 후대 사람들이 덧붙여 놓은 것임이 확실하다. 그래서 오거스트와 하이베르그는 이것을 맨 뒤로 돌려놓았다. 그 증명 방법은 다음과 같다.

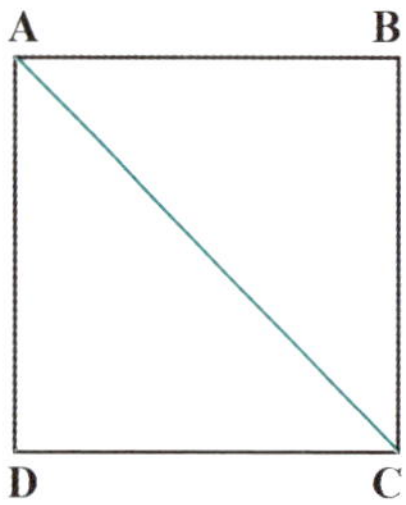

정사각형의 대각선 AC와 변 AB를 같이 잴 수 있다고 하자. 이들의 길이 비율을 가장 작은 수들로 나타낸 것이 $a : b$라 하자.

그러면 $a > b$이니, 이 비율은 1보다 더 크다. 이제

$$\mathrm{AC}^2 : \mathrm{AB}^2 = a^2 : b^2$$

그런데 [기하학 원론] 1권 법칙 47에 따라서, $\mathrm{AC}^2 = 2\mathrm{AB}^2$이다. 그러므로

$$a^2 = 2b^2$$

그러므로 a^2은 짝수이다. 즉 a는 짝수이다.

그런데 $a : b$는 이 비율을 나타내는 가장 작은 수들이라고 했으니, b는 홀수이어야 한다.

이제 $a = 2c$라 놓아라. 그러면

$$4c^2 = 2b^2$$

즉 $b^2 = 2c^2$이 된다. 그러므로 b^2은 짝수이다. 즉 b는 짝수이다.

그러나 b는 홀수임을 이미 보였으니, 모순이 생겼다.

이 증명 방법은, 정사각형의 대각선과 변을 같이 잴 수 없음을

보인 것이 전부이다. 즉 $\sqrt{2}$ 와 1을 같이 잴 수 없음을 보일 뿐이다. 어떤 정사각형의 변과, 그 정사각형에 비해 넓이가 세 배인 정사각형의 변은 같이 잴 수 없음을 보이려면, 완전히 다른 방법을 써야 한다. 실제로 피타고라스 시대로부터 백 년 후에도, 1과 $\sqrt{3}$, $\sqrt{5}$, …, $\sqrt{17}$ 을 같이 잴 수 없음을 보이려면, 제각각의 방법으로 증명해야만 했다. (테오도루스가 그렇게 하였음이 [테아에테투스]에 나온다.)

그러니 일반적인 법칙인 [기하학 원론] 10권 법칙 9는 단번에 얻은 것이 아니고, 각각의 경우들을 따로따로 다루다가 오랜 세월이 지나면서 얻는 것이다. 10권 법칙 9는 다음과 같다. "길이를 같이 잴 수 있는 선분들로 만든 정사각형들의 넓이 비율은 제곱수와 제곱수의 비율과 같다. 그리고 정사각형들의 넓이 비율이 제곱수와 제곱수의 비율과 같으면, 그 변들의 길이를 같이 잴 수 있다. 길이를 같이 잴 수 없는 선분들로 만든 정사각형들의 넓이 비율은 제곱수와 제곱수의 비율과 같지 않다. 그리고 정사각형들의 넓이 비율이 제곱수와 제곱수의 비율과 같지 않으면, 그 변들의 길이를 같이 잴 수 없다."

10권 법칙 9는 테아에테투스(Theaetetus)가 발견한 것이라고 한다. 테아에테투스는 테오도루스의 제자이며, 테오도루스는 이 법칙을 몰랐음이 확실해 보인다. 플라톤이 쓴 책을 보면([테아에테투스]), 젊은 테아에테투스가 이른바 무리수(surd)의 개념을 좇아서 애를 쓰는 장면을 묘사해 놓았다.

"제곱근들은 한없이 많이 있으니, 이 모든 제곱근들을 통틀어서 나타낼 수 있는 개념이 필요하다. … 나는 수들을 두 종류로 구별해 놓았다. 같은 수 곱하기 같은 수로 표현되는 수들, 이러한 수들은 그 형태가 정사각형이라고 볼 수 있다. 나는 이것들을 변들의 길이가 같은 정사각형수라고 부른다. … 중간적인 수들, 그러니까 3, 5 등등처럼 같은 수 곱하기 같은 수로 표현할 수 없는 수들은, 작은 수 곱하기 큰 수 또는 큰 수 곱하기 작은 수로 표현되며, 따라서 항상 긴 변과 짧은 변으로 구성되어 있다. 이들은 그 형태가 직사각형이라고 볼 수 있으니, 직사각형수라고 부른다. … 정사각형수를 만드는 변은 길이가 정의되지만, 직사각형과 넓이가 같은 정사각형의 변은 길이를 다른 것들과 같이 잴 수 없으며, 그들로써 만든 정사각형들의 넓이만을 같이 잴 수 있다."

테아에테투스가 같이 잴 수 없음의 이론에 기여하였음을 보여주는 또 다른 증거를, 아랍어로 된 [기하학 원론] 10권의 주석에서 웨프케(Woepcke)가 발견하였다. ([Mémoires présentés à l'Académie des Sciences], XIV, 1856 참조.) 이 주석은 원래 그리스어 책으로부터 나왔음이 확실하다.

웨프케는 이 주석은 베티우스 발렌스(Vettius Valens)가 쓴 것이라고 추측하였다. 베티우스 발렌스는 천문학자로서, 안티오크 사람이며, 클라우디우스 프톨레미와 동시대 (서기 2세기) 사람이다. 하이베르그는 파푸스가 쓴 주석의 일부분일 것이라고 생각하였다. 수터(Suter)는 이것을 확실하게 만들었다. ([Die Mathematiker und Astronomen der Araber und ihre Werke]) 이 주석은 다음과 같다.

"같이 잴 수 없는 양들에 관한 이론은 피타고라스 학파가 시작하였다. 그 이론은 아테네 사람인 테아에테투스가 상당히 발전시켜 놓았다. 그는 증명을 해 놓았으며, 그의 능력은 수학의 이 분야

뿐만 아니라 여러 분야에서 칭송받고 있다. 그는 재능이 아주 뛰어난 사람이었다. 그리고 그는 이 과학에 담겨 있는 진리를 찾기 위해서 열정적으로 노력하였다.

그가 자신의 이름을 따서 붙인 이 일에 대해서, 플라톤이 증인이 되어 주고 있다. 위에서 언급한 양들을 정확하게 구별한 것과, 이 이론이 낳는 법칙들을 엄밀하게 증명한 것은, 거의 다 이 사람이 한 일이다.

그 이후, 위대한 수학자인 아폴로니우스가 등장하였다. 아폴로니우스의 천재성은 수학의 여러 분야에 탁월하게 기여하였는데, 그는 상당히 노력을 하고 애를 써서, 이러한 발견들에다 몇 가지 중요한 이론들을 첨가해 놓았다."

"테아에테투스는 길이를 같이 잴 수 있는 제곱근들을 같이 잴 수 없는 것들과 구별해 놓았다. 그리고 이미 알려져 있던, 같이 잴 수 없는(무리수) 선분들을 여러 종류의 평균에 따라서 구별해 놓았다. 기하 평균에 따라서 '중용 선분', 산술 평균에 따라서 '이항 선분', 조화 평균에 따라서 '뺀 선분'. 소요학파 학자인 유데무스가 이것을 기록해 놓았다."

"유클리드 자신은 엄격한 규칙들을 확립해 놓은 다음, 상대적으로 같이 잴 수 있고 같이 잴 수 없는 것을 일반적으로 규명해 놓았다. 그는 같이 잴 수 있는(유리수) 양과 같이 잴 수 없는(무리수) 양을 정확하게 정의해 놓았으며, 같이 잴 수 없는(무리수) 양의 수많은 종류들을 정립해 놓았다. 그리고 그는 마침내 그것들의 전부를 보여 주었다."

마지막 문장은 10권 법칙 115를 가리키는 것임이 확실하다. 10

권 법칙 115를 보면, 중용인 선분으로부터 수없이 많은 종류의 길이가 바르지 않은 선분들을 만들 수 있으며, 그들은 모두 서로 다른 종류임을 밝혀 놓았다.

중용 선분과 기하 평균 사이의 관계는 명백하다. 그들로 만든 정사각형들의 넓이만을 같이 잴 수 있는, 길이가 바른 두 선분의 비례 중항(기하 평균)이 중용 선분이기 때문이다. $\frac{1}{2}(x+y)$는 x, y의 산술 평균이니, 산술 평균과 이항 선분 사이의 관계도 이해할 수 있다.

조화 평균과 뺀 선분 사이의 관계는, 아랍어로 된 책의 몇몇 법칙들이 설명해 주고 있다. x, y의 조화 평균은 $\frac{2xy}{x+y}$이다. 웨프케가 인용해 놓은 법칙들을 보면, 바른 넓이 또는 중용인 넓이의 직사각형의 한 변이 이항 선분이면, 다른 한 변은 그와 같은 종류(번째)인 뺀 선분이어야 함을 증명해 놓았다. (이 법칙들은 [기하학원론] 10권 법칙 111 - 114에 일반화되어 나온다.) 즉

$$\frac{2xy}{x+y} = \frac{2xy}{x^2-y^2} \cdot (x-y)$$

유클리드 이전 시대의 사람으로, 데모크리투스도 무리수에 대해서 쓴 것 같은데, 디오게네스 라에티누스는 그 책의 제목만을 전해 줄 뿐, 내용에 대해서는 전혀 알 수 없다. 데모크리투스는 [무리수 선분과 입체에 관한 두 권의 책들]을 썼다고 한다.

훌트쉬는 그 책 제목의 앞부분을 "무리수 토막 선분들"이라고 읽었다. 훌트쉬는 선분을 두 토막 내서, 한 부분은 유리수가 되고 다른 한 부분은 무리수가 되는 것을 염두에 두었던 것 같다. "직각

삼각형으로부터, 피타고라스의 교리에 대한 반역이 간단하게 생겨났다. 무리수라고 부를 수 있는 선분을 작도할 수 있게 된 것이다. 그런데 그것은 유리수인 부분과 무리수인 부분의 합으로 나타낼 수 있다." 그렇지만 내가 판단하기에는, 훌트쉬가 그리스어 단어를 해석하는 과정에서 약간의 착오가 있는 것 같으며, 그 책의 제목이 [무리수 선분과 입체에 관한 두 권의 책들]임에 대해서 의심할 여지는 없는 것 같다.

쪼이텐은 무리수의 분류에 관해서 중요한 언급을 하였는데 ([Geschichte der Mathematik im Altertum und Mittelalter]), 그것을 여기에 인용해 놓겠다.

"이차방정식의 근을 원래 주어진 양(계수)들과 같이 잴 수 없는 경우에, 원래 주어진 양들과 수들을 써서 나타낼 수가 없으니, 그리스 사람들은 정확한 값을 찾기 위해서, 근삿값을 도입하는 대신에 그들이 찾은 양을 가지고 연구를 계속했다. 그들이 찾은 양은, 방정식을 푸는 과정에 해당하는 작도를 통해서 얻은 선분으로 나타내었다.

오늘날 우리들이 방정식의 근을 얻을 때, 값을 계산해서 구하는 대신에 제곱근 기호를 비롯한 여러 가지 대수 기호들을 써서 나타내고는 만족해하는 것과 마찬가지이다.

그러나 선분들은 모두 똑같아 보였으니, 오늘날 우리들이 대수 기호를 보고 단번에 깨닫고 확신하는 것과는 달리, 그리스 수학자들은 그것들이 무엇을 나타내는지 감을 잡기가 어려웠다. 그 때문에, 이차방정식을 거듭 풀어서 얻은 무리수 양들을 분류하는 일이 필요했다.”

탄네리도 1882년에 이와 같은 내용의 글을 썼다. ([Mémoires de la Société des sciences physiques et naturelles de Bordeaux], IV의 “De la solution géométrique des problèmes du second degré avant Euclide”) 그러니 어떤 종류의 이차방정식과 이차방정식으로 환원할 수 있는 사차방정식의 근에 관련된 문제들의 결과들을 쌓아 놓은 것이 [기하학 원론] 10권이다.

이차방정식

$$x^2 \pm 2\alpha x \cdot \rho \pm \beta \cdot \rho^2 = 0$$

에 대해서 생각해 보자. 여기서 ρ는 길이가 바른 선분이며, α, β는 계수들이다. 현대 수학에서는 이차방정식을 대수 기호를 써서 나타낼 때 ρ를 넣지 않지만, 나는 이 방정식에 ρ를 넣어 놓았다. 그 이유는, 유클리드의 x는 대수학적 양이 아니라 선분의 길이이며, 따라서 길이가 바른 주어진 선분과의 관계로서 찾아야 하기 때문이다.

그리고 이 표현은 다음과 같은 장점이 있다. 유클리드의 ρ는 길이 a 형태일 수도 있고(여기서 a는 단위 길이의 a배를 나타낸다.), 게다가 ρ는 $\sqrt{\frac{m}{n}} \cdot a$ 형태가 될 수도 있다. 이것은 단위 길이와 비교해서 정사각형의 넓이만을 같이 잴 수 있는 길이를 나타낸다. 즉 A가 단위 넓이의 개수일 (제곱수가 아닌 경우) 때, $\sqrt{\mathrm{A}}$를 나타낸다. 그러니 우리 방정식에다 ρ를 넣어서 쓰면, ρ와 단위 길이와의 관계에 따라서 생기는 여러 가지 경우들을 한꺼번에 다

룰 수 있다.

그리고 다른 이점도 있다. 예를 들어, $\rho \pm \sqrt{k} \cdot \rho$란 표현은 $\sqrt{k} \cdot \rho \pm \sqrt{\lambda} \cdot \rho$만큼이나 일반적이다. ρ가 $\sqrt{k} \cdot \rho$인 경우를 포괄하고 있기 때문이다. 두 가지 모두, 단위 길이와 같이 잴 수 있는 경우는 물론, 단위 길이와 정사각형의 넓이만을 같이 잴 수 있는 경우도 포함하고 있다.

이제 이차방정식

$$x^2 \pm 2\alpha x \cdot \rho \pm \beta \cdot \rho^2 = 0$$

의 '양수근'을 구하면, 다음 형태로만 되어 있다.

$$x_1 = \rho(\alpha + \sqrt{\alpha^2 - \beta}), \quad x_1' = \rho(\alpha - \sqrt{\alpha^2 - \beta})$$

$$x_2 = \rho(\sqrt{\alpha^2 + \beta} + \alpha), \quad x_2' = \rho(\sqrt{\alpha^2 + \beta} - \alpha)$$

음수근은 고려하지 않는다. 왜냐 하면, x는 선분이기 때문이다. 그러나 음수근을 고려하지 않아서 일반성을 잃어버린 것은 아니다. 그리스 수학자들은 음수근이 나오는 방정식은 그 형태를 바꿔서 양수근이 나오도록 만들었다. 즉 그들은 방정식에서 x의 부호를 바꾸었다.

양수근 x_1, x_1', x_2, x_2'는 계수 α, β의 성격과 서로간의 관계에 따라서 다음과 같이 분류할 수 있다.

[가] α, β가 무리수를 포함하고 있지 않다고 하자. 즉 정수이거나, 또는 정수 m, n이 있어서, m/n 형태라고 하자.

그러면 x_1, x_1'의 표현은

(1) β가 $\frac{m^2}{n^2}\alpha^2$ 형태인 경우.

유클리드는 이 경우를, $\alpha\rho$로 만든 정사각형의 넓이가 $\rho\sqrt{\alpha^2-\beta}$로 만든 정사각형의 넓이에 비해서 $\alpha\rho$와 길이를 같이 잴 수 있는 선분으로 만든 정사각형의 넓이만큼 더 넓다고 표현하였다.

유클리드의 용어를 빌리면, 이 경우 x_1은 '첫 번째 이항 선분'이 되며, $x_1{}'$은 '첫 번째 뺀 선분'이 된다.

(2) 일반적으로 β가 $\frac{m^2}{n^2}\alpha^2$ 형태가 아닌 경우.

x_1은 '네 번째 이항 선분'이고, $x_1{}'$은 '네 번째 뺀 선분'이다.

그 다음, x_2, $x_2{}'$의 표현은

(1) β가 $\frac{m^2}{n^2}(\alpha^2+\beta)$ 형태인 경우. 여기서 m, n은 정수들. 즉

β가 $\frac{m^2}{n^2-m^2}\alpha^2$ 형태인 경우.

유클리드는 이 경우를, $\rho\sqrt{\alpha^2+\beta}$로 만든 정사각형의 넓이가 $\alpha\rho$로 만든 정사각형의 넓이에 비해서 $\rho\sqrt{\alpha^2+\beta}$와 길이를 같이 잴 수 있는 선분으로 만든 정사각형의 넓이만큼 더 넓다고 표현하였다.

유클리드의 용어를 빌리면, 이 경우

x_2는 '두 번째 이항 선분'이며,

$x_2{}'$는 '두 번째 뺀 선분'이다.

(2) 일반적으로 β가 $\dfrac{m^2}{n^2-m^2}\alpha^2$ 형태가 아닌 경우.

x_2는 '다섯 번째 이항 선분'이고,

x_2'는 '다섯 번째 뺀 선분'이다.

[나] 이제 α가 $\sqrt{\dfrac{m}{n}}$ 형태인 경우를 생각하자. 여기서 m, n은 정수들이다. 이것을 $\sqrt{\lambda}$로 나타내자. 그러면

$$x_1 = \rho(\sqrt{\lambda} + \sqrt{\lambda-\beta}),\ x_1' = \rho(\sqrt{\lambda} - \sqrt{\lambda-\beta})$$

$$x_2 = \rho(\sqrt{\lambda+\beta} + \sqrt{\lambda}),\ x_2' = \rho(\sqrt{\lambda+\beta} - \sqrt{\lambda})$$

그러니 x_1, x_1'은 x_2, x_2'와 같은 형태이다.

x_1, x_1'에 있는 $\sqrt{\lambda-\beta}$가 무리수가 아니라 m/n 형태이면, 그리고 x_2, x_2'에 있는 $\sqrt{\lambda+\beta}$가 무리수가 아니라 m/n 형태이면, 이 근들은 이미 앞에서 나온 형태가 된다. 즉 첫 번째, 두 번째, 네 번째, 다섯 번째 이항 선분과 뺀 선분이 된다.

만약 x_1, x_1'에 있는 $\sqrt{\lambda-\beta}$가 무리수이면,

(1) β가 $\dfrac{m^2}{n^2}\lambda$ 형태인 경우.

x_1은 '세 번째 이항 선분'이고,

x_1'은 '세 번째 뺀 선분'이다.

(2) 일반적으로 β가 $\dfrac{m^2}{n^2}\lambda$ 형태가 아닌 경우.

x_1은 '여섯 번째 이항 선분'이고,

x_1'은 '여섯 번째 뺀 선분'이다.

x_2, $x_2{}'$의 표현을 생각하면, 세 번째와 여섯 번째 이항 선분, 뺀 선분의 구별은 다음 경우들에 해당한다.

(1) $\beta = \dfrac{m^2}{n^2}(\lambda + \beta)$인 경우. 즉 β가 $\dfrac{m^2}{n^2 - m^2}\lambda$ 형태인 경우.

(2) β가 그런 형태가 아닌 경우.

우리는 이렇게 여섯 가지 이항 선분과 뺀 선분이라는 근을 얻었다. 이것들에다 ρ를 곱한 다음 제곱근을 잡으면, 즉

$$\rho^2(\alpha \pm \sqrt{\alpha^2 - \beta}),\ \rho^2(\sqrt{\alpha^2 + \beta} \pm \alpha)$$

의 제곱근을 잡으면, 우리는 더하기 기호가 두 개의 항들을 연결하는 여섯 가지 새로운 무리수들과, 빼기 기호가 두 개의 항들을 연결하는 여섯 가지 새로운 무리수들을 얻게 된다. 이들은 물론 방정식

$$x^4 \pm 2\alpha x^2 \cdot \rho^2 \pm \beta \cdot \rho^4 = 0$$

의 근들이다.

유클리드가 배열해 놓은 순서를 보면, 이 무리수들은 다른 것들에 비해 더 앞에 나온다. (더하기 기호가 있는 것들은 10권 법칙 36 - 41, 빼기 기호가 있는 것들은 10권 법칙 73 - 78.) 우리는 차근차근 다뤄 나가겠지만, 유클리드가 찾아 놓은 무리수 선분들은 다음과 같다.

(1) $\rho \pm \sqrt{k} \cdot \rho$, '이항 선분'과 '뺀 선분.'

이것들은 다음 형태의 (이차방정식으로 환원할 수 있는) 사차방정식의 양수근이다.

$$x^4 - 2(1+k)\rho^2 \cdot x^2 + (1-k)^2\rho^4 = 0$$

(2) $k^{\frac{1}{4}}\rho \pm k^{\frac{3}{4}}\rho$, '첫 번째 이중용 선분'과 '중용을 뺀 첫 번째 선분.'

이것들은 다음 방정식의 양수근이다.

$$x^4 - 2\sqrt{k}\,(1+k)\rho^2 \cdot x^2 + k(1-k)^2\rho^4 = 0$$

(3) $k^{\frac{1}{4}}\rho \pm \dfrac{\sqrt{\lambda}}{k^{\frac{1}{4}}}\rho$, '두 번째 이중용 선분'과 '중용을 뺀 두 번째 선분.'

이것들은 다음 방정식의 양수근이다.

$$x^4 - 2\frac{k+\lambda}{\sqrt{k}}\rho^2 \cdot x^2 + \frac{(k-\lambda)^2}{k}\rho^4 = 0$$

(4) $\dfrac{\rho}{\sqrt{2}}\sqrt{1+\dfrac{k}{\sqrt{1+k^2}}} \pm \dfrac{\rho}{\sqrt{2}}\sqrt{1-\dfrac{k}{\sqrt{1+k^2}}}$, '대선분'과 '소선분.'

이것들은 다음 방정식의 양수근이다.

$$x^4 - 2\rho^2 \cdot x^2 + \frac{k^2}{1+k^2}\rho^4 = 0$$

(5) $\dfrac{\rho}{\sqrt{2(1+k^2)}}\sqrt{\sqrt{1+k^2}+k} \pm \dfrac{\rho}{\sqrt{2(1+k^2)}}\sqrt{\sqrt{1+k^2}-k}$, '바른 넓이와 중용인 넓이를 더한 것의 변'과 '바른 넓이와 합쳐서 중용인 넓이를 만드는 선분.'(중용인 넓이에서 바른 넓이를 뺀 것의 변.)

이것들은 다음 방정식의 양수근이다.

$$x^4 - \frac{2}{\sqrt{1+k^2}}\rho^2 \cdot x^2 + \frac{k^2}{(1+k^2)^2}\rho^4 = 0$$

(6) $\frac{\lambda^{\frac{1}{4}}\rho}{\sqrt{2}}\sqrt{1+\frac{k}{\sqrt{1+k^2}}} \pm \frac{\lambda^{\frac{1}{4}}\rho}{\sqrt{2}}\sqrt{1-\frac{k}{\sqrt{1+k^2}}}$, '중용인 두 넓이를 더한 것의 변'과 '중용인 넓이와 합쳐서 중용인 넓이를 만드는 선분.' (중용인 넓이에서 중용인 넓이를 뺀 것의 변.)

이것들은 다음 방정식의 양수근이다.

$$x^4 - 2\sqrt{\lambda} \cdot x^2\rho^2 + \lambda\frac{k^2}{1+k^2}\rho^4 = 0$$

기호를 어떻게 쓰느냐, 어떤 문자들을 사용하느냐에 따라서, 위에서 말한 사실들을 설명하고 수식으로 나타내는 방법이 매우 다양하게 된다. 그 때문에, [기하학 원론] 10권의 내용을 여러 편저자들이 요약해 놓은 것을 보면, 본질적으로 같은 것을 표현하고 있지만, 겉으로 보기에는 서로 많이 다르다.

대수학 기호를 사용하여서 (그것도 매우 정교하게) 처음 요약해 놓은 사람은 코살리(Cossali)인 것 같다. ([Origine, trasporto in Italia, primi progressi in essa dell'Algebra]) 그의 공적은 인정해 마땅하다.

1794년에 허쉬(Meier Hirsch)는 [Algebraischer Commentar über das zehente Buch der Elemente des Euklides]를 베를린에서 출판하였는데, 그 책에서 그는 [기하학 원론] 10권의 '내용'을 대수학적으로 제시해 놓았다. 그러나 그는 유클리드의 방법은 전혀 소개해 놓지 않았으며, 현대적인 형태로 증명해 놓았다.

1834년에 포셀거(Poselger)는 "Ueber das zehnte Buch der Elemente des Euklides"라는 논문을 발표하였는데, 거기에서 그는

허쉬가 쓴 책의 문제점을 지적하고, 자기 나름대로 요약한 것을 제시하였다. 그가 제시한 것은 유클리드의 원래 방법에 가깝지만, 그는 정교하게 약술하는 방법을 택하였기 때문에, 따라가기가 어렵게 되어 있다. 그가 사용한 대수학적 방법은, 유클리드의 무리수들의 성격을 한눈에 파악하기가 어렵게 되어 있다.

그 이외의 요약들로는, 네셀만(Nesselmann)이 쓴 [Die Algebra der Griechen], 로리아(Loria)가 1914년에 쓴 [Le scienze esatte nell' antica Grecia], 그리고 [Zeitschrift für Math. u. Physik] (Historisch-litterarische Abtheilung) 1889년도에 있는 크리스텐센(Christensen)의 논문 "Ueber Gleichungen vierten Grades im zehnten Buch der Elemente Euklids"가 있다.

영어로 된 것은, [Penny Cyclopaedia]에 나오는, 드모건(De Morgan)이 쓴 항목 "Irrational quantity"가 있다. [기하학 원론] 10권을 찬양하는 일에, 드모건은 누구에게도 뒤지지 않는다.

"유클리드는 $\sqrt{\sqrt{a} \pm \sqrt{b}}$ 형태로 나타낼 수 있는 모든 종류의 선분들을 연구하였다. 여기서 a, b는 같이 잴 수 있는 두 선분이다. … [기하학 원론] 10권은 매우 완벽하다. 다른 어떠한 책도, 심지어 [기하학 원론] 5권조차도, 이것에는 못 미친다. 유클리드는 마음속으로 온갖 내용들을 정리하고 나서, 10권의 내용을 아주 완벽하게 가다듬은 다음에, 비로소 그 앞의 책들을 쓴 것이 아닌가 싶을 정도이다. 그래서 그는 앞의 책들을 철저하게 교정할 시간이 없었던 것 같다."

초기 대수학자들도 [기하학 원론] 10권에 신경을 많이 썼다. 피사의 레오나르도(Leonardo Fibonacci, 1175 ~ 1250)는 그의 책 [Liber Abaci]에 무리수 이론에 대해서 써 놓았다. ("de tractatu binomiorum et recisorum") 그렇지만 그는 (삼차방정식, 사차방정식의 근에서 생기는 무리수들을 다룬 것 이외에는) [기하학 원론] 10권의 내용에 뭐 그렇게 새로운 것들을 추가하지는 않았다. 요하네스 팔레르모(Johannes Palermo)가 제시한 방정식

$$x^3 + 2x^2 + 10x = 20$$

을 연구하여서, [기하학 원론] 10권에 나오는 어떠한 무리수도 이 방정식을 만족하지 않음을 증명해 놓았다.

루카 파치올로(Luca Paciuolo, 1447 ~ 1517)는 [기하학 원론] 10권을 바탕으로 자신의 대수학을 전개해 나갔음을 밝혀 놓았다. 스티펠(Michael Stifel, 1487 ~ 1567)은 자신의 책 [Arithmetica integra]의 2권에서 무리수에 대해 써 놓았다. 그의 책은 (칸토어에 따르면) [기하학 원론] 10권의 해설서라고 간주할 수 있다.

카르다노(Cardano, 1501 ~ 1576)가 남긴 책들은 유클리드의 무리수에 대한 연구, 관찰을 잔뜩 담고 있다. 코살리는 그것을 언급하고 있다. 카르다노는 온갖 무리수들의 홀수 거듭곱, 짝수 거듭곱을 연구했으며, 특정한 형태의 방정식, 이차방정식, 삼차방정식, 사차방정식의 근이 되는 것들은 유클리드의 무리수들 중 어떤 종류인지 자세하게 다루어 놓았다.

스테빈(Simon Stevin, 1548 ~ 1620)은 "Appendice des incommensurables grandeurs en laquelle est sommairement déclaré le contenu du Dixiesme Livre d'Euclide"를 썼는데 ([Oeuvres mathématiques], Leyde, 1634), 거기에서 그는 [기하학

원론] 10권에 대해서 다음과 같이 말했다. “[기하학 원론] 10권은 너무 어려워서 공포의 대상이 되었으며, 수학자들의 십자가라고 부르기도 한다. 그 내용은 이해하기가 정말 어려우며, 도대체 무슨 쓸모가 있는지 알 수 없다.” 로리아는 이 대목을 인용해 놓았다.

[기하학 원론] 10권은 무리수에 관한 이론을 길게 다루어 놓았는데, 그리스 기하학자들은 이걸 도대체 어디에 써먹은 걸까?

그에 대한 답은, 유클리드 본인만 하더라도 [기하학 원론] 13권에 가서 10권의 뒷부분('뺀 선분'을 비롯하여, 빼기 기호가 있는 무리수들을 다룬 부분)을 상당히 많이 사용하였다. 13권의 목적 중에는, 원에 내접하는 정오각형의 변의 길이와 구에 내접하는 정십이면체 또는 정이십면체의 변의 길이와 원 또는 구의 지름과의 관계를 구하는 것이 있다. 여기서 원 또는 구의 지름은 유리수라고 가정한다.

선분을 평균과 작은 것의 비율(황금 비율)로 자르는 것과 정오각형과의 관계는 잘 알려져 있다. 유클리드는 [기하학 원론] 13권 법칙 6에서, 길이가 바른 선분을 그렇게 쪼개면, 각각의 토막들은 '뺀 선분'이 되며, 짧은 토막은 '첫 번째 뺀 선분'이 됨을 증명해 놓았다. 그리고 원이나 구의 지름이 길이가 바르다고 가정한 다음, 내접하는 정오각형의 변은 길이가 바르지 않으며 '소선분'임을 증명하였고(13권 법칙 11), 구에 내접하는 정이십면체의 변의 길이도 바르지 않으며 '소선분'임을 증명하였고(13권 법칙 16), 구에 내접하는 정십이면체의 변의 길이는 바르지 않으며 '뺀 선분'임을 증명하였다.(13권 법칙 17)

물론, '빼기 기호'가 있는 무리수들만을 다루었다면 10권의 내용이 완전한 것이 아니다. 그러니 '이항 선분'을 비롯한, '더하기 기호'를 가지는 무리수들도 다루어 놓아야 했다. 그리고 10권의 이 두 부분과 그 용어들은, 파푸스의 두 법칙에 쓰이고 있다. 그것을 여기에 소개해 놓겠다.

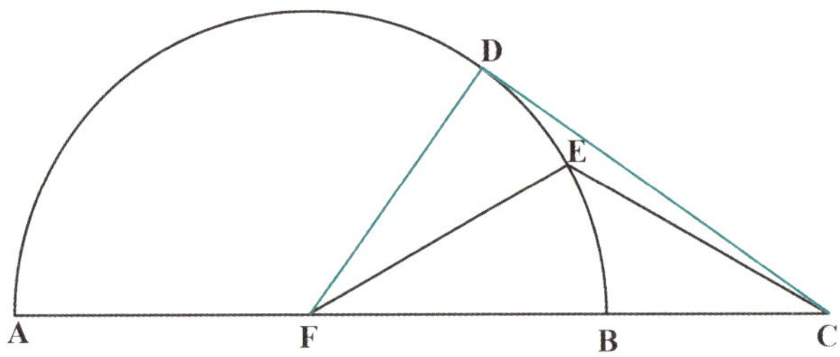

"반원의 지름 AB는 길이가 바르다고 하자. AB를 길게 늘여서, 반지름과 길이가 같도록 BC를 잡아라. 접선 CD를 그어라. 호 BD의 중점 E를 잡아라. 선분 CE를 그어라. 그러면 CE는 길이가 바르지 않으며, '소선분'이다."

실제로 반지름을 1이라 하면,

$$CE^2 = 5 - 2\sqrt{3}, \quad CE = \sqrt{\frac{5+\sqrt{13}}{2}} - \sqrt{\frac{5-\sqrt{13}}{2}}$$

이 된다.

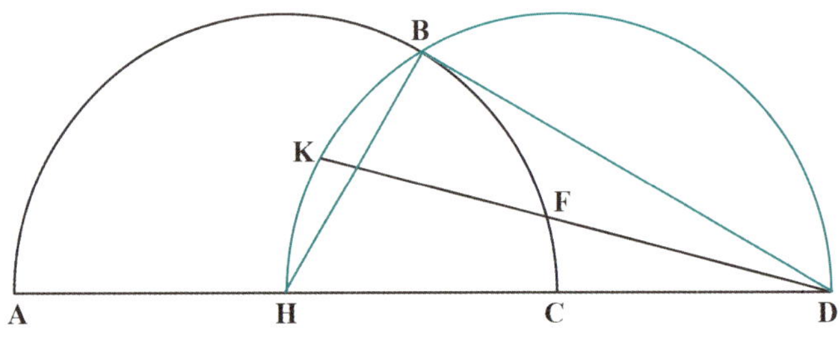

역시 반원의 지름은 길이가 바르다고 하고, 반지름과 길이가 같

도록 CD를 잡아라. 접선 DB를 긋고, 각 ADB를 이등분하도록 선분 DF를 그어라. 이 선분이 원둘레와 만나는 점을 F라 하자.

그러면 DF의 길이는 '이항 선분'에서 '바른 넓이와 합쳐서 중용인 넓이를 만드는 선분'을 뺀 것이다. (10권 법칙 77 참조.) 이 그림에서 DK가 '이항 선분'이며, KF가 '바른 넓이와 합쳐서 중용인 넓이를 만드는 선분'이다.

실제로 반지름을 1이라 하면,

$$\mathrm{KD} = \frac{\sqrt{3}+1}{\sqrt{2}}, \mathrm{KF} = \sqrt{\sqrt{3}-1} = \sqrt{\frac{\sqrt{3}+\sqrt{2}}{2}} - \sqrt{\frac{\sqrt{3}-\sqrt{2}}{2}}$$

프로클루스에 따르면, "아폴로니우스가 더욱 많이 다루어 놓은, 순서가 없는 무리수들"과 같이 더욱 복잡한 무리수들은 [기하학 원론]의 성격에 맞지 않기 때문에 유클리드가 빼 놓았다. 10권의 주석자들은, 유클리드는 모든 종류의 유리수와 무리수를 다루지는 않았으며, 가장 간단한 종류만 다룬 다음에, 그것들을 결합해서 무수히 많은 무리수들을 얻을 수 있도록 했다고 말했다. 아폴로니우스는 그런 종류들 중 일부를 제시해 놓았다.

웨프케가 발견한, 아랍어로 된 책에는 10권에 대해서 다음과 같은 주석이 나온다. "순서가 있는 무리수들 이외에, 순서가 없는 무리수들이 존재하며, 정밀한 방법을 통해서 그것들이 무수히 많이 있음을 밝힌 사람은 아폴로니우스이다." 이러한 주석들을 바탕으로, 아폴로니우스가 확장해 놓은 무리수들의 성격이 무엇인지 막연하게나마 추측할 수 있다. 이 책 맨 뒷부분의 해설을 참조하기 바란다.

clidean
ometry

정의I

정의 1

같은 단위를 가지고 잴 수 있는 양들은 **같이 잴 수 있다**. 같은 단위를 가지고 잴 수 없는 양들은 **같이 잴 수 없다**.

정의 2

어떤 선분들을 가지고 만든 정사각형들의 넓이를 같은 넓이 단위로 잴 수 있으면, 그 **선분들로 만든 정사각형들을 같이 잴 수 있다**. 어떤 선분들을 가지고 만든 정사각형들의 넓이를 같은 넓이 단위로 잴 수 없으면, 그 선분들로 만든 정사각형들을 같이 잴 수 없다.

해설 "정사각형들(제곱들)을 같이 잴 수 있다."는 표현은, 초기의 번역에서는 "거듭곱(승, power)들을 같이 잴 수 있다."고 번역하였다. (예를 들어, 윌리암슨(Williamson)의 번역.) 그렇지만 그리스 기하학에서 이것은 (임의의 거듭곱이 아니라) 제곱을 나타낸다. 나는 전체에 걸쳐서 이것을 제곱이라 표현하는 것이 적절하다고 생각한다.

"그 선분들로 만든 정사각형들의 넓이만을 같이 잴 수 있다."는 유클리드의 표현은, 플라톤이 쓴 책에서 테아에테투스가 '무리수'라는 의미로 '제곱근'이라고 부른 것에 대응한다. 어떤 선분의 길이를 a 라 하자. 그러면 a 와 $a\sqrt{m}$, 또는 $a\sqrt{m}$ 과 $a\sqrt{n}$ 은 이들로 만든 정사각형들의 넓이만을 (이들의 제곱들만을) 같이 잴 수 있다. (여기서 m, n 은 정수이거나 또는 기약분수이며, 제곱이 아닌 수이다.)

물론, 길이를 같이 잴 수 있는 선분들은, 그들로 만든 정사각형들의 넓이도 같이 잴 수 있다. (10권 법칙 9 딸린 법칙.) 그러나 어떤 선분들로 만든 정사각형들의 넓이를 같이 잴 수 있다고 해서, 그들의 길이를 반드시 같이 잴 수 있는 것은 아니다.

반면에, 그들로 만든 정사각형들의 넓이를 같이 잴 수 없는 선분들은, 그 길이도 같이 잴 수 없다. 그러나 길이를 같이 잴 수 없다고 해서, 그들로 만든 정사각형들의 넓이도 반드시 같이 잴 수 없는 것은 아니다. '그들로 만든 정사각형들의 넓이만을 같이 잴 수 있는 선분들'이란, 길이는 같이 잴 수 없지만, 그들로 만든 정사각형들의 넓이(그들의 제곱)는 같이 잴 수 있는 선분들을 말한다.

정의 3

이런 가정들을 바탕으로, 어떤 선분과 같이 잴 수 있는 선분들과 같이 잴 수 없는 선분들이 각각 무수히 많음을 보일 수 있다. 어떤 주어진 선분과 길이만 같이 잴 수 없는 선분들, 길이와 이들로 만든 정사각형들의 넓이 둘 다 같이 잴 수 없는 선분들이 각각 무수히 많다. 어떤 주어진 선분의 길이가 바르다고 하자. 그러면 이 선분과 길이 또는 이들로 만든 정사각형들의 넓이를 같이 잴 수 있는 선분들은 길이가 **바르다**고 말한다. 같이 잴 수 없는 선분들은 **바르지 않다**고 말한다.

해설 이 정의의 앞부분 문장은 너무 짧게 써 놓은 것 같다. 좀더 분명하게 하려면, 다음과 같이 표현하는 것이 좋겠다. "어떤 선분을 주었다고 하자. 그러면 그것과 (가) 그들로 만든 정사각형들의 넓이만을 같이 잴 수 있는 선분들, (나) 정사각형들의 넓이뿐만 아니라 길이도 같이 잴 수 있는 선분들이 각각 무수히 많이 있으며, 또한 (가) 길이만을 같이 잴 수 없는 선분들, (나) 길이뿐만 아니라 그들로 만든 정사각형들의 넓이도 같이 잴 수 없는 선분들이 각각 무수히 많이 있다."

'바르다' 그리고 '바르지 않다'는 개념은 상대적임이 이 정의에 잘 드러나 있다. 어떠한 선분을 주든, 그 선분은 길이가 바르다고 말해도 된다. 그러고 나서, 이 길이가 바른 선분을 기준으로 다른 선분들이 길이가 '바르다' 또는 '바르지 않다'고 분류한다.

유클리드가 말한 '바르다'는 개념은, 우리의 유리수(rational number) 개념보다 약간 더 넓음에 유의하기 바란다. 유클리드의 개념에 따르면, 길이가 바른 선분과 같이 잴 수 있는 선분은 길이가 바르며, 그들로 만든 정사각형들의 넓이만을 같이 잴 수 있는 선분도 길이가 바르다. 즉 ρ가 길이가 바른 선분이라고 하자. 그리고 m, n은 정수이며, m/n은 기약분수이며 제곱이 아니라고 하자. 그러면 $\frac{m}{n}\rho$는 바르며, 뿐만 아니라 $\sqrt{\frac{m}{n}}\cdot\rho$도 바르다. 우리들 개념으로는 $\sqrt{\frac{m}{n}}\cdot\rho$는 '무리수'이다.

유클리드의 용어는 우리의 용어와 다르며, 유클리드 이전 시대의 용어와도 다르다. 예를 들어, 플라톤은 변의 길이가 5인 정사각형의 대각선을 가리켜, "5의 표현할 수 없는 지름"이라고 불렀다. (피타고라스 학파의 용어를 따랐음이 명백하다.) 즉 $\sqrt{50}$ 을 표현할 수 없다고 본 것이다. 그리고 이와 대조적으로, 이 정사각형의 "표현할 수 있는 지름"은, 이것의 근삿값인 $\sqrt{50-1}$ (즉 7)을 가리킨다. 그러니 유클리드 이전 시대 사람들은 $\sqrt{\frac{m}{n}} \cdot \rho$를 "표현할 수 없다"고, 그러니까 무리수라고 불렀다.

나는 이 책에서 10권을 설명하면서, 유클리드의 의미로 '길이가 바른 선분'을 가리킬 때 ρ를 사용하겠다. 그리고 두 개의 길이가 바른 선분을 가리킬 때 ρ와 σ를 사용하겠다. 그러니 내가 ρ 또는 σ라는 기호를 쓰면, 그것들은 a 또는 $\sqrt{k} \cdot a$ 형태를 가리킴을 기억해 두기 바란다. 여기서 a는 단위 길이 1의 a배이며, a는 정수이거나, 또는 정수 m, n이 있어서, $a = m/n$이다. k는 정수이거나, 또는 정수 m, n이 있어서, $k = m/n$이다. 그리고 k는 제곱이 아니다.

바꿔 말하면, ρ, σ는 a 또는 $\sqrt{\mathrm{A}}$ 형태이다. 여기서 A는 단위 넓이 1의 A배이며, A는 정수이거나, 또는 정수 m, n이 있어서, $\mathrm{A} = m/n$이다. 대부분의 편찬가들은 ρ의 형태를 나타낼 때 a 또는 $\sqrt{a}$ 꼴이라고 말하지만, 나는 $\sqrt{a}$ 대신에 반드시 $\sqrt{\mathrm{A}}$를 사용하겠다. 그래야 차원이 맞게 된다. ρ는 선분의 길이를 가리킴을 늘 염두에 두어야 한다.

유클리드가 '바르다'는 용어를 이런 뜻으로 사용하였기 때문에, '바르지 않다'는 말의 뜻을 좀더 제한해서 선분들에게 적용해야 했다. 이런 제한은 유클리드가 처음 만들었던 것 같다. 유클리드의 용어로는, 길이가 '바르지 않은 선분'이란, 주어진 길이가 바른 선분과 길이 뿐만 아니라 그들로 만든 정사각형들의 넓이도 같이 잴 수 없는 선분을 말한다. 즉 $\sqrt{k} \cdot a$는 길이가 바르지 않은 것이 아니다. k가 제곱이 아니라고 하면, $\sqrt[4]{k} \cdot a$는 바르지 않다. 그리고 $(\sqrt{k} \pm \sqrt{\lambda})a$도 바르지 않다.

정의 4

어떤 주어진 선분으로 만든 정사각형의 넓이가 바르다고 하자. 그러면 이것과 넓이를 같이 잴 수 있는 넓이들은 바르다. 이것과 넓이를 같이 잴 수 없는 넓이들은 바르지 않다. 어떤 선분으로 만든 정사각형의 넓이가 바르지 않으면, 그 선분은 바르지 않다. 즉 그 넓이가 정사각형으로 주어진 경우는 그 정사각형을 만드는 변, 넓이가 일반적인 다각형으로 주어진 경우는 그것과 넓이가 같은 정사각형을 만드는 변에 대해서 그렇게 말한다.

해설 유클리드가 '바르다' 그리고 '바르지 않다'는 개념을 넓이에 적용한 것은, 우리가 '유리수' 그리고 '무리수' 개념을 넓이에 적용하는 것과 일치한다. 유클리드의 개념에 따르면, ρ가 길이가 바른 선분이면, ρ^2은 넓이가 바르며, 이것과 넓이를 같이 잴 수 있는 것들, 그러니까 $k\rho^2$ 형태도 넓이가 바르다. 여기서 k는 정수이거나, 또는 정수 m, n이 있어서, $k = m/n$이다.

그러니 유클리드가 말한 '바른 넓이'는 단위 넓이 1의 A배이다. 여기서 A는 정수이거나, 또는 정수 m, n이 있어서, $\mathrm{A} = m/n$이다. 그리고 유클리드가 말한 '바르지 않은 넓이'는 $\sqrt{k} \cdot \mathrm{A}$를 가리킨다.

그가 말한 바르지 않은 넓이와 바르지 않은 선분의 관계를 보면, 전자의 제곱근이 후자이다. 그러니 $\sqrt[4]{k} \cdot \sqrt{\mathrm{A}}$ 형태의 길이가 바르지 않은 선분이 생기는데, 이것은 물론 $\sqrt[4]{k} \cdot a$ 형태를 포함하고 있다.

10권

무리수

법칙 I

법칙 1

두 개의 크기가 다른 양들을 주었다고 하자. 큰 것에서 자신의 절반보다 더 큰 양을 빼고, 남은 것에서 자신의 절반보다 더 큰 양을 빼고, 이렇게 계속 되풀이해라. 그러면 처음 주어진 작은 양보다 더 작은 양이 남게 된다.

증명 크기가 다른 두 개의 양 AB, C를 주었는데, AB가 더 크다고 하자. AB에서 자신의 절반보다 더 큰 양을 빼고, 남는 것에서 자신의 절반보다 더 큰 양을 빼고, 이런 식으로 되풀이하면 결국에는 C보다 더 작은 양이 남게 됨을 보여야 한다.

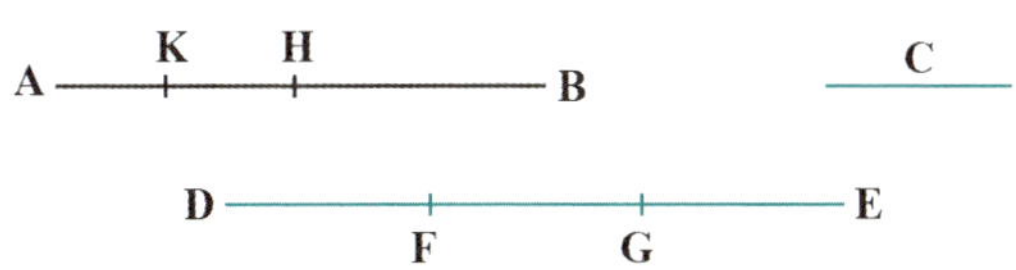

C에다 어떤 것을 곱해서 AB보다 더 크게 만들 수 있다. [5권 정의 4] 이렇게 만든 C의 곱을 DE라 하고, DE가 AB보다 더 크다고 하자. DE를 C와 크기가 같은 토막들 DF, FG, GE로 쪼개라. AB에서 자신의 절반보다 더 큰 BH를 빼고, 남는 것 AH에서 AH의 절반보다 더 큰 HK를 빼라.

이 과정을 계속 되풀이하여 AB를 토막낸 수가 DE를 토막낸 수와 같아질 때까지 해라. 그러면 AK, KH, HB의 개수는 DF, FG, GE의 개수와 같다.

DE는 AB보다 더 크고, DE에서 자신의 절반보다 더 작은 EG를 빼고, AB에서 자신의 절반보다 더 큰 BH를 뺐으니, 남는 것 GD는 남는 것 HA보다 더 크다.

GD는 HA보다 더 크고, GD에서 자신의 절반인 GF를 빼고, HA에서 자신의 절반보다 더 큰 HK를 뺐으니, 남는 것 DF는 남는 것 AK보다 더 크다.

그런데 DF와 C는 크기가 같다. 그러므로 C도 AK보다 더 크다. 그러므로 AK는 C보다 작다. 그러므로 AB에서 빼고 남는 것 AK가 처음 주어진 작은 양 C보다 더 작다.

그러므로 이 법칙이 성립한다. □

해설 이 법칙이 중요한 까닭은, 12권 법칙 2에서 원들의 넓이 비율이 원의 지름으로 만든 정사각형들의 넓이 비율과 같음을 보이는 데 쓰이기 때문이다. 10권 법칙 1은 12권에서 소진법을 사용하고 있는 법칙들(법칙 2를 포함하여)에서만 쓰인다고 생각하는 편찬가들이 많이 있으며, 10권 법칙 1은 12권 맨 앞부분으로 옮겨 놓아도 무방하다고 말하기도 한다.

칸토어(Moritz Cantor)조차 다음과 같이 말했다. ([Geschichte der Mathematik]) “유클리드는 10권 법칙 1을 써서 끌어 내는 것이 아무것도 없다. 다른 것은 다 제쳐 두고, 만약 두 개의 양들을 같이 잴 수 없으면, 첫 번째 양과 같이 잴 수 있는 적당한 양을 잡아서, 그것과 두 번째 양과의 차이가 얼마든지 작도록 할 수 있다는 법칙을 만들었을 법도 한데."

그러나 10권 법칙 1은 12권 법칙 2에 이르기까지 전혀 사용되지 않은 것이 아니다. 바로 다음 법칙인 10권 법칙 2에서 유클리드는 이것을 사용하고 있다. 이 사실은 10권 법칙 2에 가서 설명해 놓겠다. 그리고 10권 법칙 2는 양들을 같이 잴 수 없다는 판단 기준을 제시하고 있다. (그러니 같이 잴 수 없는 양들을 연구하기 전에 10권 법칙 2가 나와야 한다.) 따라서 10권 법칙 1은 마땅히 있어야 할 곳에 있다.

유클리드는 10권 법칙 1을 사용하여서 12권 법칙 2를 증명하였을 뿐만 아니라, 12권 법칙 5(높이가 같은 삼각뿔들의 부피 비율은 밑면의 넓이 비율과 같다는 법칙)도 증명하였다. 그리고 12권 법칙 5를 써서, 각뿔은 밑면이 같고 높이가 같은 각기둥에 비해서 부피가 삼분의 일임을 증명하였다. (12권 법칙 7, 딸린 법칙) 그리고 이 법칙들을 써서 원뿔은 밑면이 같고 높이가 같은 원기둥에 비해서 부피가 삼분의 일임을 증명하였다. (12권 법칙 10) 그 이외에도 이들과 비슷한 법칙들이 많이 있다.

12권 법칙 7의 딸린 법칙, 12권 법칙 10은 유독수스가 발견하였다고 아르키메데스는 말했다. ([구와 원기둥], 서문) 그리고 다른 책에서는 ([포물선 도형의 넓이], 서문) 앞의 법칙과 원들의 넓이 비율이 그들의 지름으로 만든 정사각형들의 넓이 비율과 같다는 법칙이 다음의 법칙으로부터 나온다고 하였다. "서로 다른 선분들, 서로 다른 면들, 또는 서로 다른 입체들이, 큰 것이 작은 것보다 더 큰 정도는, 그것을 계속 더하면 같은 종류(길이면 길이, 넓이면 넓이, 부피면 부피)인 어떠한 양보다도 더 커진다." 그리고 아르키메데스는 뒤의 법칙(12권 법칙 10. 이것도 유독수스가 발견했다고 아르키메데스는 말했다.)도 "앞에서 말한 것과 비슷한 법칙"을 써서 증명했다고 말했다.

아르키메데스가 말한 법칙은 10권 법칙 1과 완전히 다르다. 그런데 아르키메데스 자신도 10권 법칙 1을 여러 번 사용하였으며, 12권 법칙 2에서 사용하였다고 말했다. ([구와 원기둥], 1권 6) 내가 편찬해 낸 책인 [The Works of Archimedes]에서 설명하였듯이, 12권 법칙 2를 증명하는 방법으로 두 개의 법칙들이 언급되어 혼동이 생기는 까닭은, 10권 법칙 1의 증명 과정을 살펴보면 알 수 있다.

유클리드가 10권 법칙 1을 증명한 과정을 보면, 작은 양을 잡은 다음에, 그것의 곱을 취해서 큰 양보다 더 커지도록 할 수 있다고 말했다. 이 부분은 5권 정의 4를 바탕으로 주장하였음이 명백하다. 즉 "두 양이 어떤 비율을 가진다는 말은, 어느 것이든 곱을 하면 다른 것보다 더 커지도록 할 수 있다는 뜻"임을 이용하였다.

그러니 10권 법칙 1의 작은 양을 어떤 두 양들의 차이라고 간주하면, 아르키메데스가 언급한 법칙은 본질적으로 10권 법칙 1의 증명 과정에서 쓰였으며, 평면도형의 넓이를 구하거나 입체의 부피를 구하는 데 이게 훨씬 더 중요한 역할을 하니, 이 법칙이 전해 내려온 것 같다.

'아르키메데스의 공리'는 10권 법칙 1에 쓰였을 뿐만 아니라, 아리스토텔레스도 이것을 사용하였다. 아리스토텔레스도 사실상 10권 법칙 1의 결과를 인용하였다. 그가 쓴 책 [자연학]을 보면 다음과 같은 내용이 나온다. “유한한 양에다 계속 더해 나가면, 그 어떠한 정해진 양보다도 더 커지게 된다. 마찬가지로 거기에서 계속 빼 나가면, 그것보다 더 작은 양에 이르게 된다.” 그리고 이런 글도 나온다. “왜냐 하면, 양을 이등분하는 일을 끝없이 계속할 수 있기 때문이다.” 그러니 아르키메데스가 언급한 법칙을 가리켜 ‘아르키메데스의 공리’라 부르는 것은 약간 부적절하다. 그가 이것을 발견했다고 주장한 것도 아니고, 훨씬 이전에 알려졌음이 확실하기 때문이다.

스톨츠는 데데킨트의 공리를 써서 아르키메데스의 공리를 증명하는 방법을 보여 주었다. (비탈리의 [Questioni riguardanti le matematiche elementari] 참조.) 두 개의 양들이 선분들이라고 하자. 우리는 다음을 증명해야 한다. “두 개의 선분들을 주었을 때, 짧은 선분의 곱을 잡아서 다른 선분보다 더 길게 되도록 할 수 있다.”

두 개의 선분들을 포개 놓아서, 한쪽 끝점이 서로 일치하도록 하고, 그 끝점을 기준으로, 짧은 선분과 긴 선분이 같은 방향에 놓이도록 해라.

AC가 긴 선분이라고 하고, AB가 짧은 선분이라고 하자. 그러면 우리는

$$n \cdot AB > AC$$

가 되게 하는 정수 n이 존재함을 보여야 한다.

이런 n이 존재하지 않는다고 가정해 보자. 그러니까 끝점 A가 아닌 어떤 점 B가 있어서, 아무리 큰 정수 n에 대해서도, $n \cdot AB < AC$가 된다고 하자. 그러면 모순이 생김을 보여야 한다.

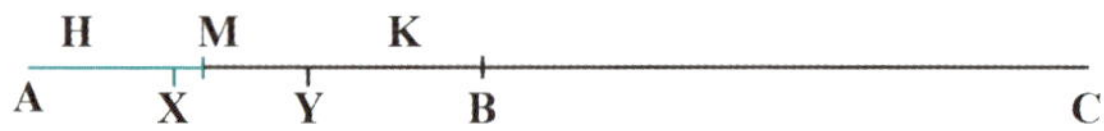

선분 AC의 점들은 다음 두 부분으로 구별할 수 있다.

(1) 어떠한 정수 n에 대해서도, $n \cdot AH > AC$가 되지 않는 점들 H.
(2) 어떤 정수 n이 있어서, $n \cdot AK > AC$가 되는 점들 K.

이렇게 두 부분으로 쪼갠 것은, 데데킨트의 공리를 적용하는 데 필요한 조건들을 만족한다. 그러므로 어떤 점 M이 있어서, AM의 점들은 (1)에 속하고, MC의 점들은 (2)에 속하게 된다.

이제 MC에 속하는 어떤 점 Y를 잡되, $MY < AM$이 되도록 잡아라. AY의 중점을 X라 하면, X는 A와 M 사이에 놓여 있으니 (1)에 속한다. 그런데 $n \cdot AY > AC$가 되는 정수 n이 존재하니,

$$2n \cdot AX > AC$$

가 된다. 이것은 가정에 어긋난다.

딸린 법칙

자신의 절반을 뺄 때에도 이 법칙이 성립한다.

법칙 2

크기가 다른 두 양을 주었을 때, 큰 것에서 작은 것을 빼고, 남는 것들 중에 큰 것에서 작은 것을 빼는 과정을 계속 되풀이해라. 만약 남는 것이 그 이전의 것을 절대 재지 못 하면, 두 양들은 같이 잴 수 없다.

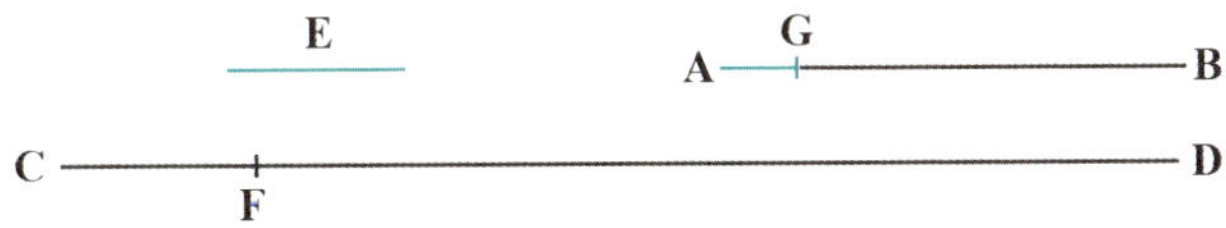

증명 크기가 다른 두 개의 양 AB, CD를 주었는데, AB가 더 작다고 하자. 큰 것에서 작은 것을 빼고, 남는 것들 중에 큰 것에서 작은 것을 빼는 일을 되풀이했는데, 남는 것이 그 이전의 것을 절대 재지 못한다고 하자. 그러면 AB, CD는 같이 잴 수 없음을 보여야 한다.

만약에 이들을 같이 잴 수 있다면, 어떤 양이 이들을 공통으로 잴 것이다. 이게 가능하다면, 이들을 공통으로 재는 양을 E로 나타내자.

AB를 가지고 잰 것을 FD라 하고, CD에서 FD를 빼면 남는 CF는 AB보다 더 작다고 하자. CF를 가지고 잰 것을 BG라 하고, AB에서 BG를 빼면 남는 AG는 CF보다 더 작다고 하자.

이런 과정을 거쳐서 남는 AG가 E보다 더 작다고 하자. E는 AB를 재고, AB는 DF를 재니까, E는 FD도 잰다. 그런데 E는 CD 전체를 잰다. 그러므로 E는 나머지 CF도 잰다.

그런데 CF는 BG를 잰다. 그러므로 E도 BG를 잰다. 그런데 E는 AB 전체를 잰다. 그러므로 E는 나머지 AG도 잰다. 큰 것이 작은 것을 재니, 이건 모순이다. 그러므로 AB, CD를 공통으로 재는 양은 없다. 그러므로 AB, CD는 같이 잴 수 없다. [10권 정의 1]

그러므로 이 법칙이 성립한다. □

해설 이 법칙은 어떤 양들을 같이 잴 수 없음을 판단하는 기준을 제시하고 있다. 이들을 공통으로 재는 가장 큰 양(수들의 경우 최대공약수)

을 찾는 연산 방법을 바탕으로 하고 있다. 이 연산을 아무리 계속하여도 끝이 나지 않으면, 그러면서 남는 양이 점점 작아져서, 어떠한 양을 주더라도 그보다 더욱 작아지면, 두 양들은 같이 잴 수 없다.

유클리드의 증명 과정을 보면, “남는 양이 E보다 더 작아질 때까지 이런 과정을 계속하여라.”라고 말했다. 그러니 어떠한 양 E를 주더라도, 이 과정을 계속하면, 언젠가는 남는 양이 E보다 더 작아지게 됨을 유클리드는 가정하고 있다. 이건 자명하지가 않은데, 하이베르그와 로렌츠(Lorenz)는 이 가정의 근원을 제시하지 않고 있다. 하이베르그는 온갖 것들에 대해 꼼꼼하게 그 근원을 제시하였지만 여기서는 빠트렸다. 이것은 사실 10권 법칙 1을 바탕으로 하고 있다. 빌링슬리와 윌리암슨은 이것을 예리하게 알아차렸다.

큰 양과 작은 양을 주었는데, 작은 양이 큰 양을 정확하게 재지 않는다고 하자. 큰 양에서 작은 양을 빼는 일을 거듭하여서, 남는 것이 작은 양보다 더 작게 되도록 하면, 우리는 큰 양으로부터 ‘자신의 절반 이상’을 빼었다. 그러니 그림에서 FD는 CD의 절반보다 더 크며, BG는 AB의 절반보다 더 크다.

이 과정을 계속하면, CF에서 AG를 되풀이해 빼어서 CF의 절반보다 더 많이 빼도록 하고, AG에서 되풀이해 빼어서 AG의 절반보다 더 많이 빼도록 하고, 이런 식으로 계속할 수 있다. 그러니 선분 CD, AB를 번갈아서, 절반 이상을 빼고, 또 남는 것에서 절반 이상을 빼고, 이렇게 계속하게 된다. 그러니 양쪽 선분 모두 결국에 가서는, 남는 것이 주어진 어떠한 길이보다도 더 짧아지게 된다.

공통으로 재는 가장 큰 양을 찾는 연산 과정이 이 법칙과 그 다음 법칙에 나오는데, 이러한 연산은 현대 수학자들이 사용하는 방법과 동일하다. 우리는 이 연산 과정을 다음과 같이 표현할 수 있다.

$$\begin{array}{llll} b)\,a\,(p & & & \\ \;\;\underline{pb} & & & \\ \;\;\;c)\,b\,(q & & & \\ & \;\underline{qc} & & \\ & \;\;d)\,c\,(r & & \\ & & \underline{rd} & \\ & & \;e & \end{array}$$

이것들과 비슷한 7권 법칙 1, 법칙 2에서 설명하였듯이, 증명 방법도 현대 우리들의 방법과 동일하다.

지금 이 법칙의 경우는 이 과정이 끝이 나지 않는다고 가정하고 있으며, 이 때 a, b를 공통으로 재는 양 f가 존재하지 않음을 보여야 한다. 공통으로 재는 양 f가 존재한다고 하면, 이 과정을 충분히 되풀이하여서, 남는 양 e가 f보다 더 작아지도록 해라.

그러면 f는 a, b를 공통으로 재니, f는 $a-pb$를 잰다. 즉 c를 잰다. 그러니 f는 b, c를 공통으로 재며, 따라서 f는 $b-qc$를 잰다. 즉 d를 잰다. 그러니 f는 c, d를 공통으로 재며, 따라서 f는 $c-rd$를 잰다. 즉 e를 잰다. 그러나 $e<f$이니, 이것은 모순이다. 유클리드는 f가 a, b를 재면, f는 $ma\pm nb$를 잼을 공리처럼 받아들이고 있다.

물론 실제 문제의 경우, 두 개의 양들을 같이 잴 수 없음을 보이기 위해서, 이 과정을 계속 되풀이해야 하는 것은 아니다. 문제에 따라서, 몇 번만 해 보면 알게 되는 경우도 있다. 올만은 이런 좋은 예를 제시해 놓았다. ([Greek Geometry from Thales to Euclid])

[기하학 원론] 13권 법칙 5를 보면, 선분 AB를 평균과 작은 것의 비율(황금 비율)로 자르는 점을 C라 하고, AC와 길이가 같도록 DA를 잡아서 붙이면, 점 A는 선분 DB를 평균과 작은 것의 비율(황금 비율)로 자르게 됨을 증명해 놓았다. 이것은 2권 법칙 11의 증명 과정을 보면 명백하다.

역으로 BD를 평균과 작은 것의 비율로 자르는 점을 A라 하자. 그리고 짧은 토막인 AD와 길이가 같도록 AC를 잡으면, 점 C는 AB를 이와 같은 비율로 자르게 된다. 그러니 AC에서 다시 CB와 같은 길이를 잡으면, 그 점은 AC를 이와 같은 비율로 자르게 된다. 이 과정을 계속할 수 있다.

원래 선분을 이렇게 토막내면, 긴 토막은 원래 선분의 절반보다 더 길다. 그리고 13권 법칙 3으로부터, 긴 토막은 짧은 토막의 두 배보다 더 작음을 알 수 있다. 즉 이 과정을 계속해 나갈 때, 짧은 토막은 긴 토막에서 단 한 번만 뺄 수 있다. 그러니 긴 토막에서 작은 토막을 잘라 내는 이 과정은, 공통으로 재는 가장 큰 양을 찾는 과정과 완전히 일치한다. 그러니 두 토막을 같이 잴 수 있으면, 이 과정은 끝이 나야 한다. 그러나 이 과정은 끝나지 않음이 명백하다. 그러므로 이 두 토막은 같이 잴 수 없다.

피타고라스 학파가 같이 잴 수 없는 선분들을 발견한 것이, 정사각형의 변과 대각선을 통해서가 아니라, 선분을 평균과 작은 것의 비율(황금 비율)로 자르는 과정을 통해서가 아닐까 하는 의견을 올만은 제시하였다. 그렇지만 피타고라스 학파가 1과 $\sqrt{2}$ 를 같이 잴 수 없음을 발견하였고, 이 특별한 경우를 엄청나게 연구하였음은 의심할 여지가 없다. 평균과 작은 것의 비율로 자른 두 토막은 같이 잴 수 없음을 피타고라스 학파가 혹시 알았을 지도 모르지만, 올만의 의견이 그렇게 힘있게 와 닿지는 않는다.

어쨌든, 같이 잴 수 없는 양들에 관한 피타고라스 학파의 연구는 별 진전이 없었던 것 같다. 왜냐 하면, 무리수를 처음으로 분류한 사람은 테아에테투스라고 하며, [기하학 원론] 13권 앞부분의 내용도 테아에테투스가 발견한 것으로 추정되기 때문이다. 13권 법칙 6을 보면, 길이가 바른 선분을 평균과 작은 것의 비율로 자르면, 각각의 토막들은 길이가 바르지 않으며, '뺀 선분'임을 보이고 있다.

그리고 $\sqrt{2}$ 를 같이 잴 수 없음도 10권 법칙 2와 비슷한 방법으로 증명할 수 있다. 그 과정은 그렇게 길지도 않다. 이 방법은 크리스탈(Chrystal)이 쓴 [Textbook of Algebra]에 나온다.

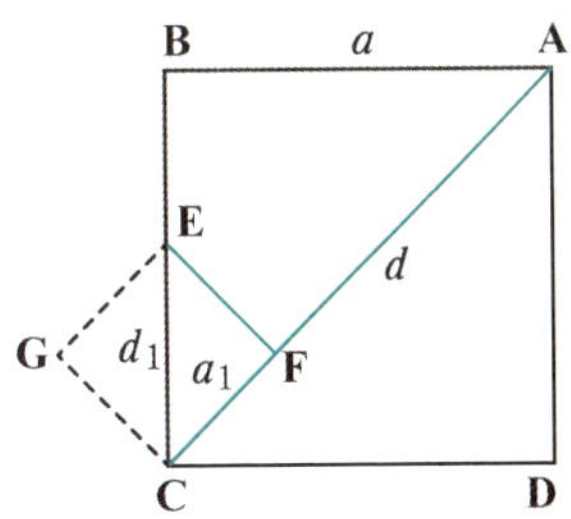

정사각형 ABCD의 변을 a라 하고, 대각선을 d라 하자. 대각선 AC를 따라서, a와 길이가 같도록 AF를 잡아라. AC와 수직이 되도록 FE를 긋고, 이게 BC와 만나는 점을 E라 하자. 그러면 다음이 성립함을 쉽게 보일 수 있다.

$$\mathrm{BE} = \mathrm{EF} = \mathrm{FC}$$
$$\mathrm{CF} = \mathrm{AC} - \mathrm{AB} = d - a \quad \cdots\cdots (1)$$
$$\mathrm{CE} = \mathrm{CB} - \mathrm{CF} = a - (d - a) = 2a - d \quad \cdots\cdots (2)$$

만약에 그게 가능하다면, a와 d를 같이 잴 수 있다고 하자. 그러면 a와 d는 어떤 유한한 길이를 단위로 해서 공통으로 잴 수 있으니, 이들은 어떤 유한한 길이의 정수곱이 된다.

그런데 식 (1) 때문에 CF도 그 유한한 길이의 정수곱이 되며, 식 (2) 때문에 CE도 그 유한한 길이의 정수곱이 된다.

정사각형 CFEG의 변이 CF이고, 대각선이 CE이다. 그리고 이 정사각형의 변은 원래 정사각형 변의 절반보다 더 작다. 이 정사각형의 변과 대각선을 a_1, d_1로 나타내면,

$$a_1 = d - a,\ d_1 = 2a - d$$

마찬가지 방법으로, 또 새로운 정사각형을 잡아서, 변 a_2와 대각선 d_2가 각각 a_1, d_1의 절반보다 더 작으며, a_2와 d_2가 같은 단위 길이의 정수곱이 되도록 할 수 있다. 즉

$$a_2 = d_1 - a_1,\ d_2 = 2a_1 - d_1$$

이 되도록 할 수 있다.

이 과정을 얼마든지 계속 되풀이할 수 있으니, 10권 법칙 1에 따라서, 얼마든지 작은 정사각형을 잡을 수 있는데, 그 정사각형의 변과 대각선은 여전히 어떤 유한한 단위 길이의 정수곱이 된다. 이것은 모순이다.

그러므로 a와 d는 같이 잴 수 없다.

이 방법은, 피타고라스 학파가 '변수'와 '대각선수'의 수열을 잡아 나간 것의 역에 해당한다. 여기서는 정사각형들이 점점 커지는 게 아니라, 점점 작아지고 있다.

법칙 3

같이 잴 수 있는 두 양을 주었을 때, 이들을 공통으로 재는 가장 큰 양을 찾으시오.

증명 같이 잴 수 있는 두 양 AB, CD를 주었는데, AB가 더 작다고 하자. AB, CD를 공통으로 재는 가장 큰 양을 찾아야 한다.

AB는 CD를 재거나, 또는 재지 못 할 것이다. 만약 AB가 CD를 재면, AB는 자신도 재니까, AB는 AB, CD를 공통으로 잰다. 그리고 AB는 가장 큰 양임이 명백하다. 왜냐 하면, AB보다 더 큰 양은 AB를 잴 수 없기 때문이다.

그 다음, AB가 CD를 재지 못 한다고 하자. 큰 양에서 작은 양을 빼는 일을 되풀이하면, 결국에 가서 남는 양이 그 이전 양을 잰다. 왜냐 하면, AB, CD를 같이 잴 수 있기 때문이다. [10권 법칙 2]

AB를 가지고 잰 것을 ED라 하고, CD에서 ED를 빼면 남는 CE는 AB보다 작다고 하자. CE를 가지고 잰 것을 FB라 하고, AB에서 FB를 빼면 남는 AF는 CE보다 작다고 하자. 그리고 AF가 CE를 잰다고 하자. 그러면 AF가 CE를 재고, CE는 FB를 재니, AF는 FB를 잰다. 그런데 AF는 자신을 재니까, AF는 AB 전체를 잰다.

그런데 AB는 DE를 잰다. 그러므로 AF도 ED를 잰다. 그런데 AF는 또한 CE를 잰다. 그러므로 AF는 CD 전체를 잰다. 그러므로 AF는 AB, CD를 잰다. 이제 AF가 이 조건을 만족하는 가장 큰 양임을 보이겠다. 만약 AF가 가장 큰 양이 아니라면, AF보다 더 큰 어떤 양이 AB, CD를 잴 것이다. 그것을 G로 나타내자.

G가 AB를 재고, AB는 ED를 재니, G도 ED를 잰다. 그런데 G는 CD 전체를 잰다. 그러므로 G는 또한 나머지 CE를 잰다. 그런

데 CE는 FB를 잰다. 그러므로 G도 FB를 잰다. 그런데 G는 AB 전체를 잰다. 그러므로 G는 또한 나머지 AF를 잰다. 큰 것이 작은 것을 재다니, 이건 불가능하다.

그러므로 AF보다 큰 양은 AB, CD를 잴 수 없다. 그러므로 AF는 AB, CD를 공통으로 재는 가장 큰 양이다. 그러므로 AB, CD를 같이 재는 가장 큰 양을 찾았다.

그러므로 이 법칙이 성립한다. □

해설 같이 잴 수 있는 두 개의 양에 관한 이 법칙은, 수들에 관한 법칙인 7권 법칙 2와 거의 같다. 우리는 다음 과정을 밟아 나간다.

$$
\begin{array}{llllll}
b) & a & (p & & & \\
 & \underline{pb} & & & & \\
 & c) & b & (q & & \\
 & & \underline{qc} & & & \\
 & & d) & c & (r & \\
 & & & \underline{rd} & & \\
 & & & 0 & &
\end{array}
$$

이렇게 계속해 나가다가, rd가 c와 크기가 같아서 나머지가 없으면, 이 과정이 끝난다. 그러면 d가 a, b를 공통으로 잼을 증명한다. 그리고 나서, 모순을 이끌어 내는 방법을 써서, d가 a, b를 공통으로 재는 가장 큰 양임을 증명한다. a, b를 공통으로 재는 양은 반드시 d를 재어야 하니, d보다 더 큰 양은 a, b를 공통으로 잴 수가 없다. 물론, 모순을 이끌어 내는 방법은 형식일 뿐이다.

공통으로 재는 가장 큰 양을 찾는 방법을 10권에 제시해 놓은 까닭은, 완전하게 하기 위함도 있고, 그리고 10권 법칙 5에서 두 개의 양 A, B를 공통으로 재는 양이 있음을 가정하고 사용하였기 때문일 것이다. 그러니 그런 양을 실제로 찾을 수 있음을 보이는 게 필요하다.

딸린 법칙

어떤 양이 두 양을 공통으로 재면, 그것은 두 양을 공통으로 재는 가장 큰 양을 잰다.

해설 이 딸린 법칙은 7권 법칙 2의 딸린 법칙과 정확하게 대응한다.

법칙 4

같이 잴 수 있는 세 양을 주었을 때, 이들을 공통으로 재는 가장 큰 양을 찾으시오.

증명 같이 잴 수 있는 세 양 A, B, C를 주었을 때, 이들을 공통으로 재는 가장 큰 양을 찾아야 한다.

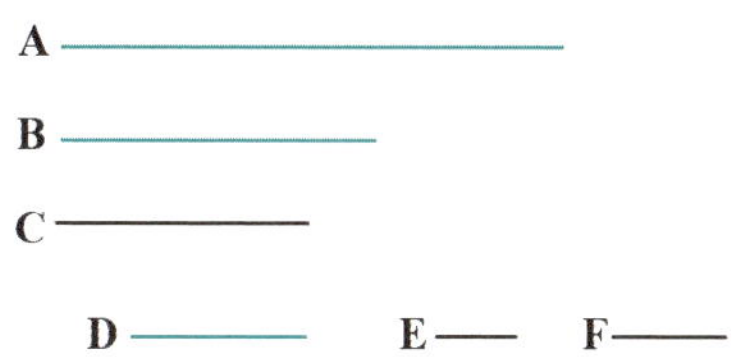

A, B를 공통으로 재는 가장 큰 양을 찾아서, 그것을 D로 나타내자. [10권 법칙 3] 그러면 D는 C를 재거나, 아니면 D는 C를 재지 못 할 것이다.

우선, D가 C를 잰다고 하자. 그러면 D가 C를 재고, D는 또한 A, B를 재니, D는 A, B, C를 공통으로 잰다. 그리고 D가 가장 큰 수임이 명백하다. 왜냐 하면, D보다 더 큰 수는 A, B를 잴 수 없기 때문이다. 그 다음, D가 C를 재지 못 한다고 하자. 그러면 우선 C, D를 같이 잴 수 있음을 보이겠다. A, B, C를 같이 잴 수 있다고 했으니, 어떤 양이 이들을 공통으로 잰다. 그것은 물론 A, B를 잰다. 그러므로 A, B를 공통으로 재는 양 중 가장 큰 D를 잰다. [10권 법칙 3, 딸린 법칙] 그런데 그것은 또한 C를 잰다. 그러므로 그것은 C, D를 잰다. 그러므로 C, D는 같이 잴 수 있다.

C, D를 공통으로 재는 가장 큰 양을 찾아서, 그것을 E로 나타내자. [10권 법칙 3] E는 D를 재고, D는 A, B를 재니, E도 또한 A, B를 잰다. 그런데 E는 C도 잰다. 그러므로 E는 A, B, C를 잰다. 그러므로 E는 A, B, C를 공통으로 잰다.

그 다음, E가 이들을 공통으로 재는 가장 큰 양임을 보이겠다. 만약 더 큰 양이 있다면, E보다 더 큰 F가 A, B, C를 공통으로 잰다고 하자. F가 A, B, C를 재니, F는 물론 A, B를 잰다. 그러므로 A, B를 공통으로 재는 가장 큰 양을 잰다. [10권 법칙 3, 딸린 법칙] 그런데 A, B를 공통으로 재는 가장 큰 양은 D이다. 그러므로 F는 D를 잰다.

그런데 F는 또한 C를 잰다. 그러므로 F는 C, D를 잰다. 그러므로 F는 C, D를 공통으로 재는 가장 큰 양을 잰다. [10권 법칙 3, 딸린 법칙] 그런데 그 양이 E이다. 그러므로 F는 E를 잰다. 큰 것이 작은 것을 재다니, 이건 불가능하다. 그러므로 E보다 더 큰 양은 A, B, C를 잴 수 없다.

그러므로 D가 C를 재지 못 하는 경우 E가 A, B, C를 공통으로 재는 가장 큰 양이고, D가 C를 재는 경우는 D가 A, B, C를 공통으로 재는 가장 큰 양이다. 그러므로 같이 잴 수 있는 세 양을 주었을 때, 그들을 공통으로 재는 가장 큰 양을 찾았다.

그러므로 이 법칙이 성립한다. □

해설 이 법칙은 수들에 대한 법칙인 7권 법칙 3과 정확하게 대응한다. 7권 법칙 3에서, 유클리드는 a, b, c가 서로 남남이 아닌 경우, d와 c가 서로 남남이 아님을 보이는 게 필요하다고 생각하였듯이, 여기서도 d와 c를 같이 잴 수 있음을 보이는 게 필요하다고 생각했다. a, b를 공통으로 재는 양은, a, b를 공통으로 재는 가장 큰 양인 d를 재니까(10권 법칙 3, 딸린 법칙), d와 c도 같이 잴 수 있다.

d, c를 공통으로 재는 가장 큰 양을 e라 하면, e는 a, b, c를 공통으로 재는 가장 큰 양이다. 증명 방법은 7권 법칙 3, 10권 법칙 3의 증명 방법과 똑같다.

딸린 법칙

이 법칙을 보면, 어떤 양이 세 양을 재면, 그것은 세 양을 공통으로 재는 가장 큰 양을 잼이 명백하다.

마찬가지 방법으로, 양들의 개수가 더 많더라도 그들을 공통으로 재는 가장 큰 양을 찾을 수 있다. 그러니 이 법칙을 계속 확장할 수 있다.

해설 이 딸린 법칙은, 양들의 개수가 네 개 또는 그보다 더 많은 경우에도 이 과정을 적용할 수 있음을 말하고 있다. 헤론은 7권 법칙 3을 일반화해서, 수들의 개수가 네 개 이상인 경우에도 적용할 수 있다고 언급했는데, 그것에 대응한다.

법칙 5

같이 잴 수 있는 양들의 비율은 어떤 수와 어떤 수의 비율과 같다.

증명 두 양 A, B를 같이 잴 수 있다고 하자. 그러면 A와 B의 비율은 어떤 수와 어떤 수의 비율과 같음을 보여야 한다.

A, B를 같이 잴 수 있다고 했으니, 어떤 양이 이들을 잴 것이다. 이들을 재는 양을 C로 나타내자. C가 A를 재는 수만큼 D에 단위수들이 들어 있도록 D를 잡아라. 그리고 C가 B를 재는 수만큼 E에 단위수들이 들어 있도록 E를 잡아라.

C는 A를 D에 들어 있는 단위수의 수만큼 재고, 단위수는 D를 D에 들어 있는 단위수의 수만큼 재니, 단위수가 D를 재는 수와 C가 A를 재는 수가 같다. 그러므로 C와 A의 비율은 단위수와 D의 비율과 같다. [7권 정의 20] 그러므로 역으로 A와 C의 비율은 D와 단위수의 비율과 같다. [5권 법칙 7, 딸린 법칙]

그리고 C는 B를 E에 들어 있는 단위수의 수만큼 재고, 단위수는 E를 E에 들어 있는 단위수의 수만큼 재니, 단위수가 E를 재는 수와 C가 B를 재는 수가 같다. 그러므로 C와 B의 비율은 단위수와 E의 비율과 같다.

그런데 A와 C의 비율은 D와 단위수의 비율과 같음을 보였으니, A와 B의 비율은 같은 위치에 있는 수 D와 수 E의 비율과 같다.

[5권 법칙 22] 그러므로 같이 잴 수 있는 양 A와 B의 비율은 어떤 수 D와 어떤 수 E의 비율과 같다.

그러므로 이 법칙이 성립한다. □

해설 유클리드는 다음과 같이 증명하고 있다.

두 개의 양 a, b를 같이 잴 수 있다고 하면, 이들을 공통으로 재는 양을 c라 하자. 그러면

$$a = mc,\ b = nc$$

가 된다. 여기서 m, n은 정수들이다.

그러므로 $c : a = 1 : m$ …… (1)

역으로 $a : c = m : 1$

그리고 $c : b = 1 : n$

그러므로 같은 위치에 있는 항들은 비율이 같으니,

$$a : b = m : n$$

이 성립한다.

유클리드는 비례식 (1)이 성립함을 주장하기 위해서, m이 1의 곱인 것과 마찬가지로 a가 c의 곱이라는 사실만을 언급하였다. 즉 유클리드는 비율의 정의인 7권 정의 20을 이용하였다. 그러나 7권 정의 20은 네 개의 수들에만 적용할 수 있으며, 지금 여기서 a, c는 수들이 아니라 양들이다. 그러므로 7권 정의 20을 여기서 이용한 것은 부당하다. 수 1, m을 양들이라고 보아서, 7권 정의 20의 비율이 5권 정의 5의 일반적인 비율과 동일함을 증명하였다면 그것을 이용해도 되겠지만. 이 법칙에 나오는 다른 비례식들도 마찬

가지이다.

그러니 결함이 있다. 7권 정의 20의 비례식을 만족하는 양들이 5권 정의 5의 비례식을 만족함을 증명하거나, 또는 수들의 비율은 양들의 비율의 특별한 경우로 포함되어 있음을 증명하여야 한다. 심슨은 이것을 증명하여서, 법칙 C라고 이름 붙여 5권에 넣어 놓았다. (5권 정의 5 해설 참조.) 그 법칙 내용 중에, 지금 여기서 필요한 것은 다음이다.

만약 $a = mb$, $c = md$ 이면, 5권 정의 5의 의미로 비례식

$$a : b = c : d$$

가 성립한다.

a, c 에 대해서 임의의 같은 곱 pa, pc 를 잡고, b, d 에 대해서 임의의 같은 곱 qb, qd 를 잡아라.

그러면 $pa = pmb$, $pc = pmd$ 이다.

그런데 $pmb >=< qb$ 이면, $pmd >=< qd$ 이다.

그러므로 $pa >=< qb$ 이면, $pc >=< qd$ 이다.

그런데 pa, pc 는 a, c 의 '임의의' 같은 곱이고, qb, qd 는 b, d 의 '임의의' 같은 곱이다. 그러므로 5권 정의 5의 의미로 비례식

$$a : b = c : d$$

가 성립한다.

법칙 6

두 양들의 비율이 어떤 수와 어떤 수의 비율과 같으면, 두 양들은 같이 잴 수 있다.

증명 두 양들 A와 B의 비율이 어떤 수 D와 어떤 수 E의 비율과 같다고 하자. 그러면 두 양들 A, B는 같이 잴 수 있음을 보여야 한다.

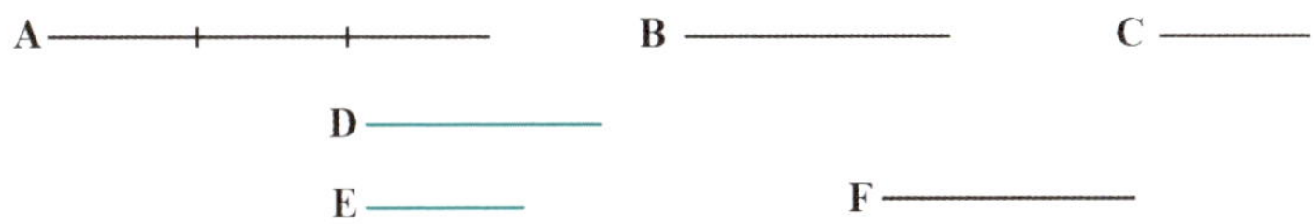

A를 D에 들어 있는 단위수의 개수만큼 같은 크기로 쪼개라. 그 중 한 개와 크기가 같도록 C를 잡아라. E에 들어 있는 단위수의 개수만큼 C를 더해서 F를 만들어라.

D에 들어 있는 단위수의 개수만큼 A에는 C가 들어 있으니, 단위수가 D의 몫인 것과 똑같이 C는 A의 몫이다. 그러므로 C와 A의 비율은 단위수와 D의 비율과 같다. [7권 정의 20] 그런데 단위수는 D를 잰다. 그러므로 C는 A를 잰다.

C와 A의 비율은 단위수와 D의 비율과 같으니, 역으로 A와 C의 비율은 D와 단위수의 비율과 같다. [5권 법칙 7, 딸린 법칙]

그리고 F에 들어 있는 C의 개수만큼 E에는 단위수들이 들어 있으니, C와 F의 비율은 단위수와 E의 비율과 같다. [7권 정의 20] 그런데 A와 C의 비율은 D와 단위수의 비율과 같음을 보였다. 그러므로 A와 F의 비율은 같은 위치에 있는 D와 E의 비율과 같다. [5권 법칙 22]

그런데 D와 E의 비율은 A와 B의 비율과 같다. 그러므로 A와 B의 비율은 A와 F의 비율과 같다. [5권 법칙 11] 그러므로 A는 두 양 B, F에 대해서 비율이 같다. 그러므로 B와 F는 크기가 같다. [5권 법칙 9] 그런데 C는 F를 잰다. 그러므로 C는 B도 잰다. 그리고 C는 A를 잰다. 그러므로 C는 A, B를 잰다. 그러므로 A, B는 같이 잴 수 있다.

그러므로 이 법칙이 성립한다. □

해설 수들의 비례식과 양들의 비례식을 연결해 주는 고리가 필요하다고 앞의 법칙에서 말했는데, 이 법칙에서도 그게 필요하다. 그걸 받아들이고 나면, 다음과 같이 증명하고 있다.

비례식 $a : b = m : n$이 성립한다고 하자. 여기서 m, n은 정수이다. a를 m등분한 다음, 그 때 생기는 몫을 c라고 하자. 즉

$$a = mc$$

라 하자.

이제 $d = nc$로 잡자. 그러면

$$a : c = m : 1,\quad c : d = 1 : n$$

같은 위치에 있는 항들은 비율이 같으니,

$$a : d = m : n$$

그런데 가정에 따라서 이 비율은 $a : b$와 같다. 즉

$$a : d = a : b$$

그러므로 $b = d = nc$이다. 그러므로 c는 b를 n번 재며, a와 b는 같이 잴 수 있다.

딸린 법칙

이 법칙을 보면, 두 수 D, E가 있고 어떤 선분 A가 있으면, 어떤 선분 F를 찾아서 선분들의 길이 비율이 수 D와 수 E의 비율과 같도록 만들 수 있음이 명백하다.

그리고 A, F 사이에 비례 중항 B를 잡으면, A와 F의 길이 비율은 A로 만든 정사각형과 B로 만든 정사각형의 넓이 비율과 같다. 즉 첫째와 셋째의 비율은 첫째가 만든 도형과 그와 닮은꼴로 둘째가 만든 도형의 넓이 비율과 같다. [6권 법칙 19, 딸린 법칙] 그런데 A와 F의 비율은 수 D와 수 E의 비율과 같다. 그러므로 수 D와 수 E의 비율은 선분 A로 만든 도형과 선분 B로 만든 도형의 넓이 비율과 같다.

해설 이 딸린 법칙은 뒤의 법칙들에서 가끔 쓰인다. 주어진 선분을 a라 하고, m, n을 임의의 수라고 하자. 그러면

(1) 비례식 $a : x = m : n$을 만족하는 선분 x를 찾을 수 있다.
(2) 비례식 $a^2 : y^2 = m : n$을 만족하는 선분 y를 찾을 수 있다.

우선 x는 찾을 수 있고, y를 찾으려면, a와 x 사이의 비례 중항을 잡으면 된다. 그러면 a, y x는 차례차례 구한 비율이 같으며, 따라서 (5권 정의 9)

$$a^2 : y^2 = a : x = m : n$$

법칙 7

같이 잴 수 없는 양들의 비율은 어떤 수와 어떤 수의 비율과 같을 수가 없다.

증명 두 양 A, B를 같이 잴 수 없다고 하자. 그러면 A와 B의 비율은 어떤 수와 어떤 수의 비율과 같을 수가 없음을 보여야 한다.

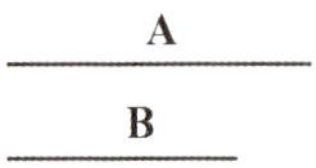

만약에 A와 B의 비율이 어떤 수와 어떤 수의 비율과 같으면, A와 B는 같이 잴 수 있다. [10권 법칙 6] 그러나 그렇지가 않다. 그러므로 A와 B의 비율은 어떤 수와 어떤 수의 비율과 같을 수가 없다.

그러므로 이 법칙이 성립한다. □

법칙 8

두 양들의 비율이 어떤 수와 어떤 수의 비율과 같지 않다고 하자. 그러면 그 양들은 같이 잴 수 없다.

증명 두 양 A와 B의 비율이 어떤 수와 어떤 수의 비율과 같지 않다고 하자. 그러면 A, B는 같이 잴 수 없음을 보여야 한다.

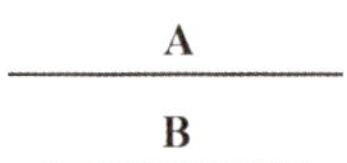

만약에 A, B를 같이 잴 수 있으면, A와 B의 비율은 어떤 수와 어떤 수의 비율과 같다. [10권 법칙 5] 그러나 그렇지가 않다. 그러므로 두 양 A, B는 같이 잴 수 없다.

그러므로 이 법칙이 성립한다. □

법칙 9

길이를 같이 잴 수 있는 선분들로 만든 정사각형들의 넓이 비율은 제곱수와 제곱수의 비율과 같다. 그리고 정사각형들의 넓이 비율이 제곱수와 제곱수의 비율과 같으면, 그 변들의 길이를 같이 잴 수 있다. 길이를 같이 잴 수 없는 선분들로

만든 정사각형들의 넓이 비율은 제곱수와 제곱수의 비율과 같지 않다. 그리고 정사각형들의 넓이 비율이 제곱수와 제곱수의 비율과 같지 않으면, 그 변들의 길이를 같이 잴 수 없다.

증명 두 선분 A, B의 길이를 같이 잴 수 있다고 하자. 그러면 A로 만든 정사각형과 B로 만든 정사각형의 넓이 비율은 제곱수와 제곱수의 비율과 같음을 보여야 한다.

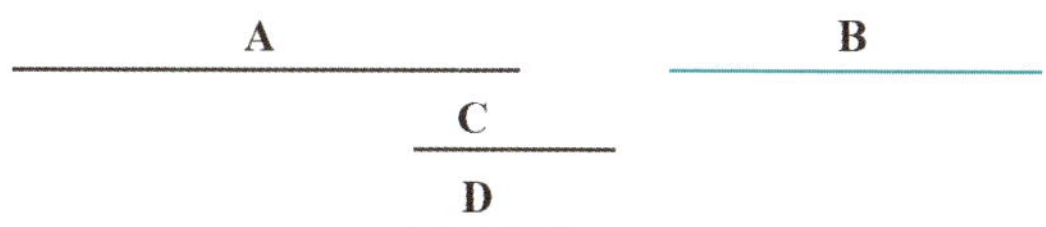

A와 B의 길이를 같이 잴 수 있으니, A와 B의 비율은 어떤 수와 어떤 수의 비율과 같다. [10권 법칙5] 이 비율이 C와 D의 비율과 같다고 하자. 그러면 A와 B의 비율이 C와 D의 비율과 같고, A로 만든 정사각형과 B로 만든 정사각형의 넓이 비율은 A와 B의 비율의 두 겹이다. 왜냐 하면, 닮은꼴 도형들의 넓이 비율은 대응하는 변들의 길이 비율의 두 겹이기 때문이다. [6권 법칙 20, 딸린 법칙]

그리고 C의 제곱과 D의 제곱의 비율은 C와 D의 비율의 두 겹이다. 왜냐 하면, 두 제곱수 사이에는 비례 중항이 한 개 있으며, 제곱수와 제곱수의 비율은 변과 변의 비율의 두 겹이기 때문이다. [8권 법칙11] 그러므로 A로 만든 정사각형과 B로 만든 정사각형의 넓이 비율은 C의 제곱과 D의 제곱의 비율과 같다.

그 다음, A로 만든 정사각형과 B로 만든 정사각형의 넓이 비율이 C의 제곱과 D의 제곱의 비율과 같다고 하자. 그러면 A와 B의 길이는 같이 잴 수 있음을 보여야 한다.

A로 만든 정사각형과 B로 만든 정사각형의 넓이 비율이 C의 제곱과 D의 제곱의 비율과 같다고 하자. A로 만든 정사각형과 B로 만든 정사각형의 넓이 비율은 A와 B의 길이 비율의 두 겹이고, C의 제곱과 D의 제곱의 비율은 C와 D의 비율의 두 겹이니, A와 B의 길이 비율은 C와 D의 비율과 같다. 그러므로 A와 B의 비율은 수 C와 수 D의 비율과 같다. 그러므로 A와 B의 길이는 같이 잴 수 있다. [10권 법칙6]

이제 A와 B의 길이를 같이 잴 수 없다고 하자. 그러면 A로 만든 정사각형과 B로 만든 정사각형의 넓이 비율이 제곱수와 제곱수의 비율과 같지 않음을 보여야 한다.

만약에 A로 만든 정사각형과 B로 만든 정사각형의 넓이 비율이 제곱수와 제곱수의 비율과 같으면, A와 B의 길이를 같이 잴 수 있다. 그렇지 않다고 했으니, A로 만든 정사각형과 B로 만든 정사각형의 넓이 비율이 제곱수와 제곱수의 비율과 같지 않다.

그 다음, A로 만든 정사각형과 B로 만든 정사각형의 넓이 비율이 제곱수와 제곱수의 비율과 같지 않다고 하자. 그러면 A와 B의 길이를 같이 잴 수 없음을 보이겠다.

만약에 A와 B의 길이를 같이 잴 수 있으면, A로 만든 정사각형과 B로 만든 정사각형의 넓이 비율은 제곱수와 제곱수의 비율과 같다. 그렇지 않다고 했으니, A와 B의 길이를 같이 잴 수 없다.

그러므로 이 법칙이 성립한다. □

해설 이 법칙은 테아에테투스가 발견하였다고 한다.

a, b가 선분들이라고 하자. 그런데 어떤 수 m, n이 있어서

$$a : b = m : n$$

이 성립하더라고 하자. 그러면

$$a^2 : b^2 = m^2 : n^2$$

이 성립한다. 역으로 뒤의 비례식이 성립하면, 앞의 비례식이 성립한다. 대수학 기호를 써서 표현해 놓으니 이 추론이 명백해 보이지만, 이건 증명하기가 그리 쉽지 않다. a, b는 선분이고 m, n은 수이기 때문이다. 유클리드는 비율 $a : b$로부터 비율 $a^2 : b^2$을 얻기 위해서, 6권 법칙 20, 딸린 법칙을 써서, 비율의 두 겹(제곱)을 구했다. 즉 a로 만든 정사각형과 b로 만든 정사각형의 넓이 비율은 대응하는 변인 a와 b의 비율의 두 겹(제곱)과 같다. 한편 m, n은 수이니, 8권 법칙 11을 써서, 비율 $m^2 : n^2$은 비율 $m : n$의 제곱(두 겹)임을 보였다.

그러고 나서, 원하는 결과를 얻기 위해서, 유클리드는 다음을 받아들이고 있다. "만약 두 비율들이 서로 같으면, 그 비율들의 두 겹(제곱)들도 서로 같다." 유클리드는 이것을 증명해 놓지 않았다. 그러나 내가 6권 법칙 22에서 설명하였듯이, 이것은 5권 법칙 22를 써서 쉽게 보일 수 있다.

역이 성립함도 역시 조심스럽게 보여야 하는데, 유클리드는 다음을 받아들이고 있다. "비율들의 두 겹들이 서로 같으면, 원래 비율들도 서로 같다." 이것을 증명하는 일은 더욱 어려운데, 6권 법칙 22의 해설을 참조하기 바란다.

이 법칙의 두 번째 부분을 증명하는 것은 쉽다. 첫 번째 부분을 이용하여, 모순을 이끌어 내는 방법으로 보이면 된다.

딸린 법칙

지금까지 증명한 것들을 보면, 길이를 같이 잴 수 있는 선분들은 정사각형들의 넓이도 반드시 같이 잴 수 있지만, 정사각형들의 넓이를 같이 잴 수 있다고 해서 길이도 반드시 같이 잴 수 있는 것은 아님이 명백하다.

해설 그리스어 책을 보면, 이 딸린 법칙에 덧붙여 놓은 것이 있는데, 하이베르그는 그게 유클리드가 쓴 것이 아니라면서 따로 괄호로 묶어 놓았다. 그것은 다음과 같은 내용을 담고 있다. (1) 이 딸린 법칙의 증명. 아니, 증명이라기보다 해설. (2) 길이를 같이 잴 수 없는 선분들이라 하더라도 그들로 만든 정사각형들의 넓이는 반드시 같이 잴 수 없는 것이 아니지만, 그들로 만든 정사각형들의 넓이를 같이 잴 수 없는 선분들은 그 길이를 절대로 같이 잴 수 없다는 설명.

보조 법칙

산수에 관해 쓴 책에서 닮은꼴 평면수들의 비율은 제곱수와 제곱수의 비율과 같음을 보였다. [8권 법칙 26] 그리고 두 수의 비율이 제곱수와 제곱수의 비율과 같으면, 그 두 수는 닮은꼴 평면수들이다. [8권 법칙 26의 역]

이 법칙들을 보면 닮은꼴 평면수들이 아닌 수들, 즉 변들이 서로 비례하지 않는 수들은 그 비율이 제곱수와 제곱수의 비율과 같지 않음을 알 수 있다. 왜냐 하면, 만약 비율이 그렇다면 그들은 닮은

꼴 평면수들이니 가정에 어긋난다. 그러므로 닮은꼴 평면수들이 아닌 수들은 그 비율이 제곱수와 제곱수의 비율과 같지 않다.

해설 이 보조 법칙은, 서로간의 비율이 제곱수와 제곱수의 비율과 같은 수들의 형태를 설명해 놓았다. '닮은꼴 평면수들'은 $pm \cdot pn$ 그리고 $qm \cdot qn$ 형태로 되어 있다. 즉 mnp^2 그리고 mnq^2 형태로 되어 있다. 이들간의 비율은 물론 $p^2 : q^2$ 이다.

이것의 역으로, 두 수들간의 비율이 제곱수와 제곱수의 비율과 같으면, 그 두 수들은 서로 닮은꼴 평면수들이라는 법칙은 증명해 놓지 않았다. 이것은 8권 법칙 26의 역이며, 9권 법칙 10에서 쓰이고 있다. 헤론은 이것을 증명해 놓았다. (8권 법칙 27 해설 참조.)

그러나 하이베르그는 이 보조 법칙이 후대 사람들이 덧붙여 놓은 것이라고 추론하였다. 이 보조 법칙은 다음 법칙인 10권 법칙 10과 관계가 있으며, 이제 곧 보겠지만, 10권 법칙 10에 대한 반론이 하도 많아서, 10권 법칙 10은 원래 유클리드의 것이라고 보기가 어렵다. 게다가 이 보조 법칙에서, 닮은꼴 평면수들이 아닌 수들이 이렇게 제시되어 있을 이유가 없다.

법칙 10

어떤 선분을 주었을 때, 그 선분과 길이만을 같이 잴 수 없는 선분, 길이 뿐만 아니라 그것들로 만든 정사각형들의 넓이도 같이 잴 수 없는 선분을 찾으시오.

증명 어떤 선분 A를 주었다고 하자. 그러면 A와 같이 잴 수 없는 두 선분을 찾되, 한 선분은 길이만, 다른 한 선분은 길이 뿐만 아니라 그것으로 만든 정사각형이 A로 만든 정사각형과 넓이도 같이 잴 수 없도록 해야 한다.

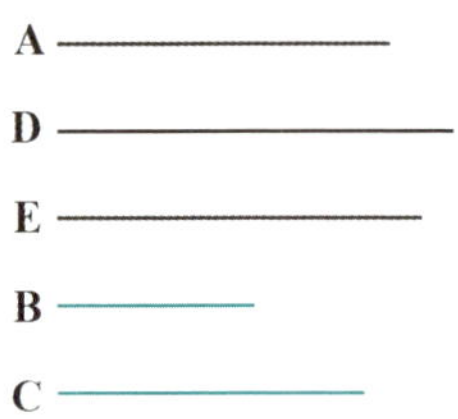

두 수 B, C의 비율이 제곱수와 제곱수의 비율과 같지 않도록 잡아라. 즉 B와 C가 닮은꼴 평면수들이 아니도록 잡아라. 그 다음, B와 C의 비율이 A로 만든 정사각형과 D로 만든 정사각형의 넓이 비율과 같도록 D를 잡아라. 우리는 이렇게 잡는 방법을 앞에서 배웠다. [10권 법칙 6, 딸린 법칙] 그러면 A로 만든 정사각형과 D로 만든 정사각형의 넓이는 같이 잴 수 있다. [10권 법칙 6]

그리고 B와 C의 비율이 제곱수와 제곱수의 비율과 같지 않으니, A로 만든 정사각형과 D로 만든 정사각형의 넓이 비율이 제곱수와 제곱수의 비율과 같지 않다. 그러므로 A와 D의 길이는 같이 잴 수 없다. [10권 법칙 9]

A, D의 비례 중항 E를 잡아라. 그러면 A와 D의 비율은 A로 만든 정사각형과 E로 만든 정사각형의 넓이 비율과 같다. [5권 정의 9] 그런데 A와 D의 길이는 같이 잴 수 없다. 그러므로 A로 만든 정사각형과 E로 만든 정사각형의 넓이는 같이 잴 수 없다. [10권 법칙 11] 그러므로 A와 E로 만든 정사각형들은 넓이를 같이 잴 수 없다. 그러므로 두 선분 D, E를 찾았는데, D는 A와 길이만 같이 잴 수 없고, E는 A와 길이 뿐만 아니라 이들로 만든 정사각형들의 넓이도 같이 잴 수 없다.

그러므로 이 법칙이 성립한다. □

해설 이 법칙은 10권 정의 3의 주장을 정당화하기 위해서 있는 것 같다. 즉 어떤 선분을 주더라도, 그 선분과 비교해 (1) 길이만을 같이 잴 수 없는 선분들(정사각형들만을 같이 잴 수 있는 선분들), (2) 정사각형들도 같이 잴 수 없는 선분들이 각각 무수히 많음을 '증명'하려고 한 것이다. 그러나 사실 이 법칙은 없어도 된다. 이 법칙에 대한 반론은 만만찮으며, 이 법칙이 진짜 유클리드의 것인지 상당히 의심스럽다.

우선, 이 법칙은 그 다음 법칙인 10권 법칙 11에 기대고 있다. 이 법칙 증명의 마지막 단계를 보면,

$$a^2 : y^2 = a : x$$

이고, a와 x를 같이 잴 수 없으니, a^2과 y^2을 같이 잴 수 없다고 되어 있다. 그러나 유클리드는 어떤 법칙을 증명하기 위해서 뒤의 법칙을 이용하는 경우는 절대 없다. 이 난점을 없애기 위해서, 그레고리는 10권 법칙 10을 10권 법칙 11의 뒤에다 넣으려고 했다. 그러나 그렇게 순서를 바꾼다 하더라도, 보조 법칙은 여전히 엉뚱한 위치에 놓여 있게 된다.

그리고 "우리는 … 앞에서 배웠다."라는 문구는 유클리드의 말투가 아니며, 학습자들에 대한 결례이다. (그렇지만 유클리드가 쓴 [도형의 분할]에 보면, "우리는 [기하학 원론]에서 배웠다."라며 이 말투가 등장하기는 한다.)

그리고 필사본을 보면, 10권 법칙 11이 나오고, 10권 법칙 10은 그 위의 원래 여백이었던 부분에 손으로 써 놓았다. 그러니 10권 법칙 10은 원래 번호가 없었던 것 같다.

그러니 보조 법칙과 법칙 10은 후대 사람들이 덧붙여 놓은 사족임이 확실해 보인다.

법칙 10의 증명 과정은 간단하다.

주어진 선분을 a라 하고, 두 수 m, n의 비율이 제곱수와 제곱수의 비율과 같지 않도록 잡아라. 그리고

$$a^2 : x^2 = m : n$$

이 성립하도록 선분 x를 잡아라. [10권 법칙 6, 딸린 법칙] 그러면 a와 x는 길이를 같이 잴 수 없다. [10권 법칙 9]

그리고 a와 x 사이 비례 중항을 잡아서, 그것을 y라 하자. 그러면

$$a^2 : y^2 = a : x$$

가 성립한다. [5권 정의 9] 그러면 a와 비교해, x는 길이만을 같이 잴 수 없으며, y는 길이 뿐만 아니라 이들로 만든 정사각형들의 넓이도 같이 잴 수 없다.

법칙 11

네 양들이 서로 비례하고 첫째와 둘째를 같이 잴 수 있으면, 셋째와 넷째도 같이 잴 수 있다. 만약 첫째와 둘째를 같이 잴 수 없으면, 셋째와 넷째도 같이 잴 수 없다.

증명 네 양들 A, B, C, D가 서로 비례한다고 하자. 즉 A와 B의 비율이 C와 D의 비율과 같다고 하자. 그리고 A와 B를 같이 잴 수 있다고 하자. 그러면 C와 D도 같이 잴 수 있음을 보여야 한다.

A와 B를 같이 잴 수 있으니, A와 B의 비율은 어떤 수와 어떤 수의 비율과 같다. [10권 법칙 5] 그런데 A와 B의 비율은 C와 D의 비율과 같다. 그러므로 C와 D의 비율도 어떤 수와 어떤 수의 비율과 같다. 그러므로 C와 D는 같이 잴 수 있다. [10권 법칙 6]

그 다음, A와 B를 같이 잴 수 없다고 하자. 그러면 C와 D도 같이 잴 수 없음을 보여야 한다.

A와 B를 같이 잴 수 없으니, A와 B의 비율은 어떤 수와 어떤 수의 비율과 같지 않다. [10권 법칙 7] 그런데 A와 B의 비율은 C와 D의 비율과 같다. 그러므로 C와 D의 비율도 어떤 수와 어떤 수의 비율과 같지 않다. 그러므로 C와 D는 같이 잴 수 없다. [10권 법칙 8]

그러므로 이 법칙이 성립한다. □

해설 나는 이제부터 '같이 잴 수 있다' 그리고 '같이 잴 수 없다'는 말을 간단하게 나타내기 위해서, 기호를 사용하겠다. 10권 정의 1 - 4에 나오는 여러 종류에 맞도록 기호를 사용하겠다. 이 기호들을 사용하면 매우 편리하다.

"넓이를 같이 잴 수 있다." 그리고 "길이를 같이 잴 수 있다."는 것을 나타내기 위해서, 기호 ∩를 사용하겠다. (이 기호는 선분과 넓이, 모두에게 적용한다.)

"이들로 만든 정사각형들의 넓이만을 같이 잴 수 있다."는 것을 (길이는 같이 잴 수 없다.) 나타내기 위해서, 기호 ∧를 사용하겠다. (이 기호는 선분들에게만 적용한다.)

“넓이를 같이 잴 수 없다.” 그리고 “길이를 같이 잴 수 없다.”는 것을 나타내기 위해서, 기호 $\cup$를 사용하겠다. (이 기호는 선분과 넓이, 모두에게 적용한다.)

“이들로 만든 정사각형들의 넓이를 같이 잴 수 없다.”는 것을 (물론, 길이도 같이 잴 수 없다.) 나타내기 위해서, 기호 $\vee$를 사용하겠다. (이 기호는 선분들에게만 적용한다.)

네 개의 양 a, b, c, d가 비례식

$$a : b = c : d$$

를 만족한다고 하자. 그러면

(1) 만약 $a \cap b$이면, 10권 법칙 5에 따라서 어떤 수 m, n이 있어서,

$$a : b = m : n$$

그러므로 $c : d = m : n$

따라서 $c \cap d$ [10권 법칙 6]

(2) 만약 $a \cup b$이면, 10권 법칙 7에 따라서 어떠한 수 m, n에 대해서도,

$$a : b \neq m : n$$

그러므로 어떠한 수 m, n에 대해서도,

$$c : d \neq m : n$$

따라서 $c \cup d$ [10권 법칙 8]

법칙 12

어떤 양과 같이 잴 수 있는 양들은 그들 서로도 같이 잴 수 있다.

증명 두 양 A, B를 각각 C와 같이 잴 수 있다고 하자. 그러면 A와 B도 같이 잴 수 있음을 보여야 한다.

A와 C를 같이 잴 수 있으니, A와 C의 비율은 어떤 수와 어떤 수의 비율과 같다. [10권 법칙 5] 이 비율이 D와 E의 비율과 같다고 하자. 그리고 C와 B를 같이 잴 수 있으니, C와 B의 비율은 어떤 수와 어떤 수의 비율과 같다. [10권 법칙 5] 이 비율이 F와 G의 비율과 같다고 하자.

D와 E의 비율, F와 G의 비율을 주었는데, 세 수 H, K, L을 차례차례 구한 비율들이 이 비율들과 같도록 잡아라. [8권 법칙 4] 즉 D와 E의 비율이 H와 K의 비율과 같고, F와 G의 비율이 K와 L의 비율과 같도록 잡아라.

A와 C의 비율이 D와 E의 비율과 같고, D와 E의 비율이 H와 K의 비율과 같으니, A와 C의 비율은 H와 K의 비율과 같다. [5권 법칙 11] 그리고 C와 B의 비율이 F와 G의 비율과 같고, F와 G의 비율이 K와 L의 비율과 같으니, C와 B의 비율은 K와 L의 비율과 같다. [5권 법칙 11]

그런데 A와 C의 비율은 H와 K의 비율과 같으니, A와 B의 비율은 같은 위치에 있는 H와 L의 비율과 같다. [5권 법칙 22]

그러므로 A와 B의 비율은 어떤 수와 어떤 수의 비율과 같다. 그러므로 A와 B는 같이 잴 수 있다. [10권 법칙 6]

그러므로 이 법칙이 성립한다. □

해설 여기서는 두 비율을 수를 써서 나타낸 다음 결합하기만 하면 된다. a, b가 둘 다 $\frown c$라 하자.

그러면 10권 법칙 5에 따라서 어떤 수 m, n, p, q가 있어서,

$$a : c = m : n,$$

$$c : b = p : q$$

그런데 $$m : n = mp : np,$$

$$p : q = np : nq$$

그러므로 $$a : c = mp : np$$

$$c : b = np : nq$$

그러므로 같은 위치에 있는 항들은 비율이 같으니,

$$a : b = mp : nq$$

그러므로 $a \frown b$ [10권 법칙 6]

법칙 13

두 양을 같이 잴 수 있는데, 그 중 한 양을 다른 어떤 양과 같이 잴 수 없다고 하자. 그러면 나머지 한 양도 그것과 같이 잴 수 없다.

증명 두 양 A, B를 같이 잴 수 있다고 하자. 그 중 하나인 A를 다른 어

떤 양 C와 같이 잴 수 없다고 하자. 그러면 나머지 한 양 B도 C와 같이 잴 수 없음을 보여야 한다.

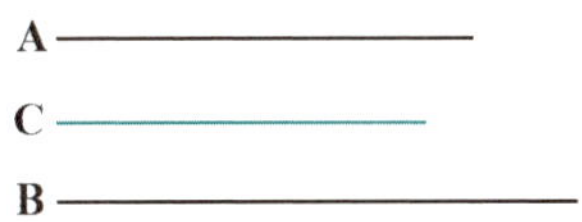

만약에 B를 C와 같이 잴 수 있으면, A도 B와 같이 잴 수 있으니, A와 C도 같이 잴 수 있다. [10권 법칙 12] 그런데 A와 C는 같이 잴 수 없다고 했으니, 이건 불가능하다. 그러므로 B와 C는 같이 잴 수 없다.

그러므로 이 법칙이 성립한다. □

보조 법칙

길이가 다른 두 선분을 주었을 때, 긴 선분으로 만든 정사각형이 짧은 선분으로 만든 정사각형에 비해서 어떤 선분으로 만든 정사각형만큼 더 넓은지 찾으시오.

증명 길이가 다른 두 선분 AB, C를 주었는데, AB가 더 길다고 하자. AB로 만든 정사각형이 C로 만든 정사각형보다 어떤 선분으로 만든 정사각형만큼 더 넓은지 찾아야 한다.

선분 AB에다 반원 ADB를 그려라. 이 반원에다 C와 길이가 같도록 선분 AD를 잡아라. [4권 법칙 1] 선분 DB를 그어라.

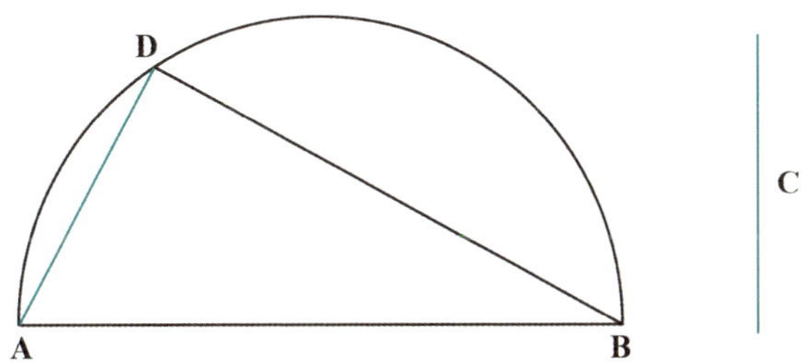

그러면 각 ADB가 직각임이 명백하다. [3권 법칙 31] 따라서 AB로 만든 정사각형은 AD, 즉 C로 만든 정사각형에 비해 DB로 만든 정사각형만큼 더 넓다. [1권 법칙 47]

이와 비슷한 방법으로, 두 선분을 주었을 때 그들로 만든 정사각형들을 더한 것과 넓이가 같은 정사각형을 만드는 선분을 찾을 수 있다. 두 선분 AD, DB를 주었을 때, 그들로 만든 정사각형들을 더한 것과 넓이가 같은 정사각형을 만드는 선분을 찾아보자. AD, DB가 직각을 만들도록 이들을 놓아라. 그리고 선분 AB를 그어라. 그러면 AD, DB로 만든 정사각형들을 더한 것은 AB로 만든 정사각형과 넓이가 같음이 명백하다. [1권 법칙 47]

그러므로 이 법칙이 성립한다. □

해설 두 선분 a, b를 주고, a가 더 긴 선분이라고 하자. 이 보조 법칙은 길이가 $\sqrt{a^2-b^2}$ 또는 $\sqrt{a^2+b^2}$ 이 되는 선분을 찾는 방법을 제시해 준다.

법칙 14

네 선분들이 서로 비례한다고 하자. 그리고 첫 번째 선분으로 만든 정사각형이 두 번째 선분으로 만든 정사각형의 넓이에 비해서, 첫 번째 선분과 같이 잴 수 있는 선분으로 만든 정사각형만큼 더 넓다고 하자. 그러면 세 번째 선분으로 만든 정사각형은 네 번째 선분으로 만든 정사각형에 비해서, 세 번째 선분과 같이 잴 수 있는 선분으로 만든 정사각형만큼 더 넓다.

만약 첫 번째 선분으로 만든 정사각형이 두 번째 선분으로 만든 정사각형의 넓이에 비해서, 첫 번째 선분과 같이 잴 수 없는 선분으로 만든 정사각형만큼 더 넓다고 하면, 세 번째 선분으로 만든 정사각형은 네 번째 선분으로 만든 정사각형에 비해서, 세 번째 선분과 같이 잴 수 없는 선분으로 만든 정사각형만큼 더 넓다.

증명 네 선분 A, B, C, D가 서로 비례한다고 하자. 즉 A와 B의 비율이 C와 D의 비율과 같다고 하자. 그리고 A로 만든 정사각형이 B로 만든 정사각형에 비해서 E로 만든 정사각형만큼 더 넓고, C로 만든 정사각형이 D로 만든 정사각형에 비해서 F로 만든 정사각형만큼 더 넓다고 하자. 그러면 A와 E를 같이 잴 수 있으면 C와 F도 같이 잴 수 있고, A와 E를 같이 잴 수 없으면 C와 F도 같이 잴 수 없음을 보여야 한다.

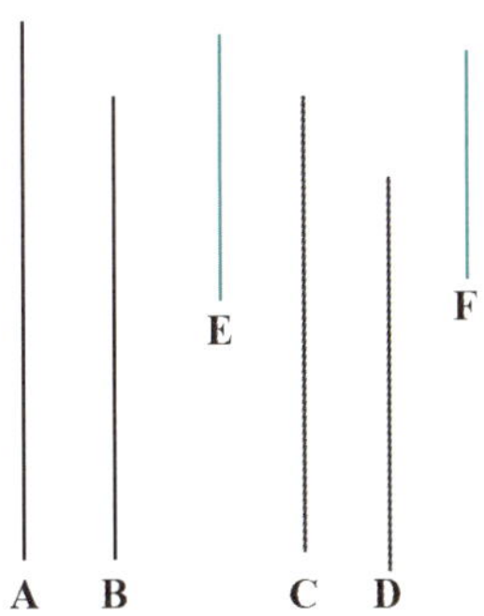

A와 B의 비율이 C와 D의 비율과 같으니, A로 만든 정사각형과 B로 만든 정사각형의 넓이 비율은 C로 만든 정사각형과 D로 만든 정사각형의 넓이 비율과 같다. [6권 법칙 22] 그런데 E, B로 만든 정사각형들을 더한 것은 A로 만든 정사각형과 넓이가 같고, D, F로 만든 정사각형들을 더한 것은 C로 만든 정사각형과 넓이가 같다. 그러므로 E, B로 만든 정사각형들을 더한 것과 B로 만든 정사각형의 넓이 비율은 D, F로 만든 정사각형들을 더한 것과 D로 만든 정사각형의 넓이 비

율과 같다.

그러므로 비례식의 빼셈에 따라서, E로 만든 정사각형과 B로 만든 정사각형의 넓이 비율은 F로 만든 정사각형과 D로 만든 정사각형의 넓이 비율과 같다. [5권 법칙 17] 그러므로 E와 B의 비율은 F와 D의 비율과 같다. [6권 법칙 22] 그러므로 역으로 B와 E의 비율은 D와 F의 비율과 같다.

그런데 A와 B의 비율은 C와 D의 비율과 같다. 그러므로 A와 E의 비율은 같은 위치에 있는 C와 F의 비율과 같다. [5권 법칙 22] 그러므로 만약 A와 E를 같이 잴 수 있으면 C와 F도 같이 잴 수 있고, A와 E를 같이 잴 수 없으면 C와 F도 같이 잴 수 없다. [10권 법칙 11]

그러므로 이 법칙이 성립한다. □

해설 네 선분 a, b, c, d가 비례식

$$a : b = c : d \qquad \cdots\cdots \text{(1)}$$

를 만족한다고 하자. 그러면 6권 법칙 22에 따라서, 비례식

$$a^2 : b^2 = c^2 : d^2 \qquad \cdots\cdots \text{(2)}$$

이 성립한다.

이 때 비례식

$$a^2 : (a^2 - b^2) = c^2 : (c^2 - d^2)$$

이 성립함을 보이기 위해서, 유클리드는 길게 빙빙 돌아서 증명해야 했다. 이 비례식이 성립함을 보이는 법칙이 5권에 들어 있지 않기 때문이다. (심슨은 이것을 법칙 E라 이름 붙여서 넣어 놓았다.)

비례식 (2)로부터 다음 비례식을 얻는다.

$$\{(a^2 - b^2) + b^2\} : b^2 = \{(c^2 - d^2) + d^2\} : d^2$$

그러므로 비례식의 빼셈(5권 법칙 17)에 따라서,

$$(a^2 - b^2) : b^2 = (c^2 - d^2) : d^2$$

역으로, $b^2 : (a^2 - b^2) = d^2 : (c^2 - d^2)$

이 비례식과 비례식 (2)로부터, 같은 위치에 있는 항들은 비율이 같으니(5권 법칙 22),

$$a^2 : (a^2 - b^2) = c^2 : (c^2 - d^2)$$

그러므로 $a : \sqrt{a^2 - b^2} = c : \sqrt{c^2 - d^2}$ [6권 법칙 22]

그러므로 $a \cap \sqrt{a^2 - b^2}$ 이면, $c \cap \sqrt{c^2 - d^2}$ 이고,

$a \cup \sqrt{a^2 - b^2}$ 이면, $c \cup \sqrt{c^2 - d^2}$ 이다. [10권 법칙 11]

만약 $a \cap \sqrt{a^2 - b^2}$ 이면, 우리는

$$\sqrt{a^2 - b^2} = ka$$

라고 놓을 수 있다. 여기서 k는 분수이다. 즉 어떤 정수 m, n이 있어서, $k = m/n$이다. 그리고 만약 $\sqrt{a^2 - b^2} = ka$이면, 이 경우 $\sqrt{c^2 - d^2} = kc$가 된다.

법칙 15

두 양들을 같이 잴 수 있으면, 그들을 더한 결과도 원래 양들과 같이 잴 수 있다. 역으로 더한 결과를 원래 양들 중의 하나와 같이 잴 수 있으면, 원래 양들도 같이 잴 수 있다.

증명 두 양 AB, BC를 같이 잴 수 있다고 하자. 그러면 그들을 더한 AC 전체도 AB, BC 각각과 같이 잴 수 있음을 보여야 한다.

AB, BC를 같이 잴 수 있으니, 어떤 양이 이들을 잴 것이다. 이들을 재는 양을 D로 나타내자. D가 AB, BC를 재니, D는 AC 전체도 잰다. 그런데 D는 AB, BC도 잰다. 그러므로 D는 AB, BC, AC를 잰다. 그러므로 AC는 AB, BC와 같이 잴 수 있다. [10권 정의 1]

그 다음, AC를 AB와 같이 잴 수 있다고 하자. 그러면 AB, BC를 같이 잴 수 있음을 보이겠다.

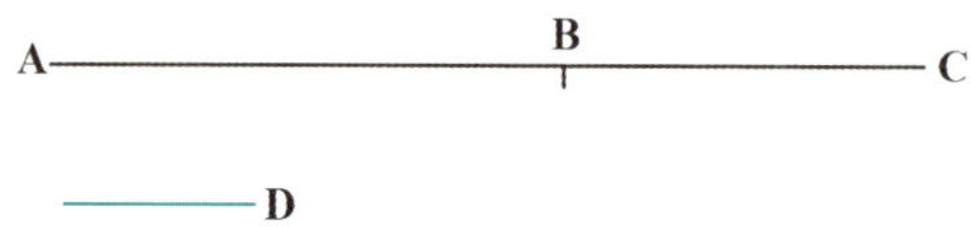

AC, AB를 같이 잴 수 있으니, 어떤 양이 이들을 잴 것이다. 이들을 재는 양을 D로 나타내자. D가 AC, AB를 재니, D는 남는 것 BC를 잰다. 그런데 D는 또한 AB를 잰다. 그러므로 D는 AB, BC를 잰다. 그러므로 AB, BC는 같이 잴 수 있다. [10권 정의 1]

그러므로 이 법칙이 성립한다. □

해설

(1) 만약 두 양들 a, b를 같이 잴 수 있으면, 이들은 mc, nc 형태이다. 여기서 c는 a, b를 공통으로 재는 양이며, m, n은 정수들이다. 그러므로$a+b=(m+n)c$가 된다. 그러므로 $a+b$는 c로 잴 수 있으며, 따라서 a, b와 같이 잴 수 있다.

(2) 만약$a+b$를 a 또는 b와 같이 잴 수 있으면, a와 같이 잴 수 있다고 해도 된다. 그러면 $a+b=mc$, $a=nc$라 놓을 수 있다. 여기서 c는 $a+b$, a를 공통으로 재는 양이며, m, n은 정수들이다. 뺄셈을 하면, $b=(m-n)c$이다. 그러므로 $b \cap a$

법칙 16

두 양들을 같이 잴 수 없으면, 그들을 더한 결과도 원래 양들 각각과 같이 잴 수 없다. 역으로 더한 결과를 원래 양들 중의 하나와 같이 잴 수 없으면, 원래 양들도 같이 잴 수 없다.

증명 두 양 AB, BC를 같이 잴 수 없다고 하자. 그러면 그들을 더한 AC 전체도 AB, BC 각각과 같이 잴 수 없음을 보여야 한다.

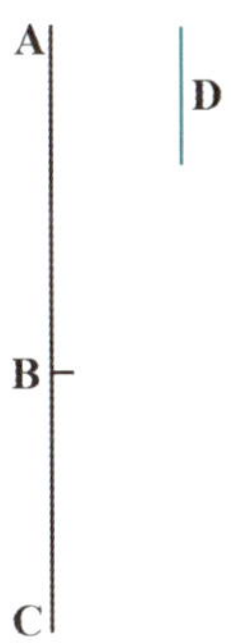

만약에 AC, AB를 같이 잴 수 있다면, 어떤 양이 이들을 잴 것이다. 만약에 그렇다면, 이들을 재는 양을 D로 나타내자. D는 AC, AB를 재니, D는 남는 것 BC도 잴 것이다. 그런데 D는 AB도 잰다. 그러므로 D는 AB, BC를 잰다. 그러므로 AB, BC는 같이 잴 수 있다.

그런데 이들은 가정에 따라서 같이 잴 수 없으니, 이건 불가능하다. 그러므로 AC, AB를 재는 양은 없다. 그러므로 AC, AB는 같이 잴 수 없다. [10권 정의 1]

마찬가지 방법으로 AC, CB를 같이 잴 수 없음을 보일 수 있다. 그러므로 AC는 AB, BC 각각과 같이 잴 수 없다.

그 다음, AC가 AB, BC 중의 하나와 같이 잴 수 없다고 하자. 우선 AB와 같이 잴 수 없다고 하자. 그러면 AB, BC도 같이 잴 수 없음을 보이겠다.

만약에 이들을 같이 잴 수 있다면, 어떤 양이 이들을 잴 것이다. 만약에 그렇다면, 이들을 재는 양을 D로 나타내자. D가 AB, BC를 재니, D는 AC 전체도 잰다. 그런데 D는 또한 AB를 잰다. 그러므로 D는 AC, AB를 잰다. 그러므로 AC, AB를 같이 잴 수 있다.

그런데 이들은 가정에 따라서 같이 잴 수 없으니, 이건 불가능하다. 그러므로 AB, BC를 같이 재는 양은 없다. 그러므로 AB, BC는 같이 잴 수 없다. [10권 정의 1]

그러므로 이 법칙이 성립한다. □

보조 법칙

어떤 선분에다 정사각형을 뺀 평행사변형을 붙이면, 그 평행사변형의 넓이는 이것을 붙임에 따라서 원래 선분이 토막난 것을 가지고 만든 직사각형의 넓이와 같다.

증명 선분 AB에다 정사각형 DCBF를 뺀 평행사변형 ACDE를 붙여라. 그러면 ACDE의 넓이는 AC, CB로 만든 직사각형의 넓이와 같음을 보여야 한다. 이건 명백하다. 왜냐 하면, DCBF가 정사각형이니, DC와 CB는 길이가 같다. 그리고 ACDE는 AC, CD로 만든 직사각형이니, AC, CB로 만든 직사각형과 같다.

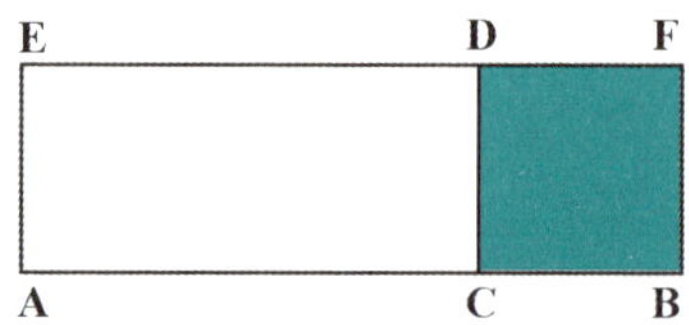

그러므로 이 법칙이 성립한다. □

해설 주어진 선분을 a라 하고, 여기에다 정사각형을 뺀 모양이 되도록 직사각형을 붙이는데, 그 정사각형의 변을 x라 하자. 그러면 이 직사각형의 넓이는 $ax-x^2$이며, 이것은 물론 $x(a-x)$와 같다. 직사각형의 넓이는 xy라 쓸 수 있다. 여기서 y는 $x+y=a$를 만족한다.

원하는 넓이가 $x(x-a)$ 또는 xy라 하면(여기서 $x+y=a$), 이러한 넓이를 가지도록 직사각형을 붙이는 방법은 두 가지가 있다. 뺀 정사각형의 변이 x가 될 수도 있고, 또는 $a-x$(즉 y)가 될 수도 있다. 후자를 전자와 비교하면, 직사각형의 모양은 달라지지 않으며, 다만 위치가 달라진다.

법칙 17

길이가 다른 두 선분을 주었다고 하자. 긴 선분에다 정사각형을 뺀 평행사변형을 붙였는데, 그것의 넓이가 짧은 선분으로 만든 정사각형 넓이의 사분의 일이라고 하자. 이 평행사변형이 원래 선분을 토막냈는데, 만약 그 길이를 같이 잴 수 있으면, 긴 선분으로 만든 정사각형의 넓이는 짧은 선분으로 만든 정사각형의 넓이에 비해서 긴 선분과 같이 잴 수 있는 선분으로 만든 정사각형의 넓이만큼 더 넓다.

긴 선분에다 정사각형을 뺀 평행사변형을 붙였는데, 그것의 넓이가 짧은 선분으로 만든 정사각형 넓이의 사분의 일이라고 하자. 만약 긴 선분으로 만든 정사각형의 넓이가 짧은 선분으로 만든 정사각형의 넓이에 비해서 긴 선분과 같이 잴 수 있는 선분으로 만든 정사각형의 넓이만큼 더 넓으면, 이 평행사변형이 긴 선분을 토막낸 길이를 같이 잴 수 있다.

증명 길이가 다른 두 선분 A, BC를 주었는데, BC가 더 길다고 하자. BC에다 어떤 평행사변형을 붙였는데, 그것의 넓이는 A로 만든 정사각형 넓이의 사분의 일과 같다고 하고, 즉 A의 절반 길이를 가지고 만든 정사각형 넓이와 같다고 하고, 그것은 정사각형을 뺀 모

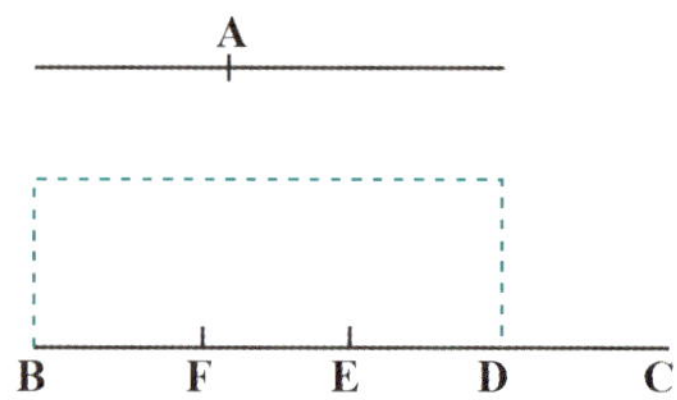

양이라고 하자. 그것은 BD, DC로 만든 직사각형과 넓이가 같다. [보조 법칙] 그리고 BD와 DC의 길이를 같이 잴 수 있다고 하자. 그러면 BC로 만든 정사각형은 A로 만든 정사각형에 비해서, BC와 길이를 같이 잴 수 있는 선분으로 만든 정사각형의 넓이만큼 더 넓음을 보여야 한다.

BC를 이등분하도록 중점 E를 잡아라. EF와 DE가 길이가 같도록 F를 잡아라. 그러면 남는 것 DC는 BF와 길이가 같다.

선분 BC를 중점 E를 잡아서 이등분했고, D를 잡아서 길이가 다르게 두 토막을 냈으니, BD, DC로 만든 직사각형에다 ED로 만든 정사각형을 더하면 EC로 만든 정사각형과 넓이가 같다. [2권 법칙 5]

이 넓이들을 네 배 해도 마찬가지이다. 그러므로 BD, DC로 만든 직사각형의 네 배에다 DE로 만든 정사각형의 네 배를 더하면 EC로 만든 정사각형의 네 배와 넓이가 같다. 그런데 A로 만든 정사각형의 넓이가 BD, DC로 만든 직사각형 넓이의 네 배이다.

그리고 DF로 만든 정사각형의 넓이가 DE로 만든 정사각형 넓이의 네 배이다. 왜냐 하면, DF는 DE의 두 배이기 때문이다. 그리고 BC로 만든 정사각형은 EC로 만든 정사각형 넓이의 네 배이다. 왜냐 하면, BC는 CE의 두 배이기 때문이다. 그러므로 BC로 만든 정사각형은 A로 만든 정사각형에 비해서 DF로 만든 정사각형만큼 더 넓다. 이제 BC와 DF의 길이를 같이 잴 수 있음을 보이겠다. BD와 DC의 길이를 같이 잴 수 있으니, BC와 CD의 길이도 같이 잴 수 있다. [10권 법칙 15] 그런데 CD의 길이는 CD, BF와 같이 잴 수 있다. 왜냐 하면, CD와 BF는 길이가 같기 때문이다. [10권 법칙 6] 그러므로 BC도 BF, CD와 길이를 같이 잴 수 있다. [10권 법칙 12] 그러므로 BC는 남는 것 FD와 길이를 같이 잴 수 있다. [10권 법칙 15] 그러므로 BC로 만든 정사각형은 A로 만든 정사각형에 비해서, BC와 길이를 같이 잴 수 있는 선분으로 만든 정사각형의 넓이만큼 더 넓다.

그 다음, BC로 만든 정사각형의 넓이가 A로 만든 정사각형의 넓이에 비해서 BC와 길이를 같이 잴 수 있는 선분으로 만든 정사각형의 넓이만큼 더 넓다고 하자. A로 만든 정사각형 넓이의 사분의 일인 평행사변형을 선분 BC에 붙였는데, 그것은 정사각형을 뺀 모양이며, 그것은 BD, DC로 만든 직사각형이라고 하자. 그러면 BD와 DC의 길이를 같이 잴 수 있음을 보여야 한다.

마찬가지 방법으로 만들어서, BC로 만든 정사각형은 A로 만든 정사각형에 비해서 FD로 만든 정사각형만큼 더 넓음을 보일 수 있다. 그런데 BC로 만든 정사각형은 A로 만든 정사각형에 비해서 BC와 길이를 같이 잴 수 있는 선분으로 만든 정사각형의 넓이만큼 더 넓다고 했으니, BC와 FD의 길이를 같이 잴 수 있다.

그러므로 BC는 남는 것과도 길이를 같이 잴 수 있으며 [10권 법칙 15], 남는 것은 BF와 DC를 더한 것이다. 그런데 BF, DC를 더한 것은 DC와 길이를 같이 잴 수 있다. [10권 법칙 6] 그러므로 BC도 CD와 길이를 같이 잴 수 있다. [10권 법칙 12] 그러므로 비례식의 뺄셈에 따라서 BD와 DC의 길이를 같이 잴 수 있다. [10권 법칙 15]

그러므로 이 법칙이 성립한다. □

해설 이 법칙은, 다음 방정식

$$ax - x^2 = \beta\left(= \frac{b^2}{4}\right)$$

의 근 x를 a와 같이 잴 수 있게 되는 조건을 제시하고 있다. 즉 어떤 정수 m, n이 있어서, $x = \frac{m}{n}a$가 되는 경우를 설명해 놓았다.

유클리드를 비롯한 그리스 수학자들이 이차방정식 풀이법을 '숫자를 다루는 문제'에 이용했음을 보여 주는 가장 유력한 증거가 이것이다. 어떤 길이를 주었을 때, 또는 단위 길이의 정수배로써 길이를 주었을 때, 방정식의 근이 그 길이와 같이 잴 수 있는지 여부를 판단하기 위해서 이렇게 정교하게 논리를 전개해 나가다니, 그 이유는 이것 이외의 가정으로는 설명할 수 없다.

순수하게 기하학적 관점으로 보면, 근을 주어진 길이와 같이 잴 수 있는지, 같이 잴 수 없는지 여부를 구별하는 것은 아무런 의미가 없다. 두 경우 모두, 선분을 써서 마찬가지로 쉽게 근을 나타낼 수 있기 때문이다.

반면에, 이차방정식의 근을 숫자를 써서 구하는 일이 그리스 수학자들에게 비중 있는 문제였다면, 그 근을 주어진 길이 또는 단위와 같이 잴 수 있는 경우, 같이 잴 수 없는 경우를 구별하는 것은 매우 중요하다. 그리스 수학자들은 제곱근을 써서 무리수를 나타내는 방법을 몰랐기 때문에, 근을 같이 잴 수 없는 경우는 기하학적으로 나타내는 수밖에 없었다. 우리는 제곱근 기호를 사용해서 무리수근을 표현하지만, 그리스 수학자들은 기하학적으로 나타내야 했다.

유클리드는 법칙 17과 법칙 18에서 다음을 증명하고 있다. 방정식

$$x(a-x)=\frac{b^2}{4} \quad \cdots\cdots (1)$$

의 근을 x라 하자. 만약 $\sqrt{a^2-b^2}$과 a를 같이 잴 수 있으면, x와 $a-x$는 그 길이를 같이 잴 수 있다. 만약 $\sqrt{a^2-b^2}$과 a를 같이 잴 수 없으면, x와 $a-x$는 그 길이를 같이 잴 수 없다. 그리고 역도 성립한다.

우리가 대수학적으로 방정식을 푸는 방법과, 유클리드가 방정식을 푸는 방법은 서로 비슷하다. 그림에서 BC를 a라 하고, CD를 x라 하자. 그러면

$$\mathrm{EF}=\mathrm{ED}=\frac{a}{2}-x$$

그리고 2권 법칙 5에 따라서,

$$x(a-x)+\left(\frac{a}{2}-x\right)^2=\frac{a^2}{4}$$

여기에다 4를 곱하면,

$$4x(a-x)+(a-2x)^2=a^2$$

그러므로 방정식 (1)에 따라서,

$$b^2+(a-2x)^2=a^2$$

즉 $$a^2-b^2=(a-2x)^2$$

그러므로 $$\sqrt{a^2-b^2}=a-2x$$

우리는 이 법칙에서 다음을 증명해야 한다.

(1) 만약 x, $(a-x)$의 길이를 같이 잴 수 있으면, a, $\sqrt{a^2-b^2}$도 같이 잴 수 있다.

(2) 만약 a, $\sqrt{a^2-b^2}$ 의 길이를 같이 잴 수 있으면, x, $(a-x)$ 도 같이 잴 수 있다.

(1) a, $\sqrt{a^2-b^2}$ 를 같이 잴 수 있음을 보이기 위해서, 유클리드는 다음과 같이 여러 단계를 차례차례 밟아 나간다.

우선 $(a-x) \cap x$ 이니, $a \cap x$ 이다.		[10권 법칙 15]
그런데	$x \cap 2x$	[10권 법칙 6]
그러므로	$a \cap 2x$	[10권 법칙 12]
	$a \cap (a-2x)$	[10권 법칙 15]
즉	$a \cap \sqrt{a^2-b^2}$	

(2) $a \cap \sqrt{a^2-b^2}$ 이면, $a \cap (a-2x)$

그러므로	$a \cap 2x$	[10권 법칙 15]
그런데	$2x \cap x$	[10권 법칙 6]
그러므로	$a \cap x$	[10권 법칙 12]
따라서	$(a-x) \cap x$	[10권 법칙 15]

이 경우나 이와 비슷한 경우는 방정식을 대칭인 꼴로 나타내는 것이 더 편리하다. 즉

$$xy = \frac{b^2}{4},\ x+y=a$$

이렇게 표현하면, 이 법칙은 다음과 같이 된다.

(1) 만약 $x \cap y$ 이면, $a \cap \sqrt{a^2-b^2}$ 이다.

(2) 만약 $a \cap \sqrt{a^2-b^2}$ 이면, $x \cap y$ 이다.

이 경우 $(x-y)^2 = a^2 - b^2$ 이니, 이 결과를 더 쉽게 확인할 수 있다.

법칙 18

길이가 다른 두 선분을 주었다고 하자. 긴 선분에다 정사각형을 뺀 평행사변형을 붙였는데, 그것의 넓이가 짧은 선분으로 만든 정사각형 넓이의 사분의 일이라고 하자. 이 평행사변형이 원래 선분을 토막냈는데, 만약 그 길이를 같이 잴 수 없으면, 긴 선분으로 만든 정사각형의 넓이는 짧은 선분으로 만든 정사각형의 넓이에 비해서 긴 선분과 같이 잴 수 없는 선분으로 만든 정사각형의 넓이만큼 더 넓다.

긴 선분에다 정사각형을 뺀 평행사변형을 붙였는데, 그것의 넓이가 짧은 선분으로 만든 정사각형 넓이의 사분의 일이라고 하자. 만약 긴 선분으로 만든 정사각형의 넓이가 짧은 선분으로 만든 정사각형의 넓이에 비해서 긴 선분과 같이 잴 수 없는 선분으로 만든 정사각형의 넓이만큼 더 넓으면, 이 평행사변형이 긴 선분을 토막낸 길이를 같이 잴 수 없다.

증명 길이가 다른 두 선분 A, BC를 주었는데, BC가 더 길다고 하자. BC에다 어떤 평행사변형을 붙였는데, 그것의 넓이는 A로 만든 정사각형 넓이의 사분의 일과 같다고 하고, 즉 A의 절반 길이를 가지고 만든 정사각형 넓이와 같다고 하고, 그것은 정사각형을 뺀 모양이라고 하자. 그것은 BD, DC로 만든 직사각형과 넓이가 같다. [보조 법칙] 그리고 BD와 DC의 길이를 같이 잴 수 없다고 하자. 그러면 BC로 만든 정사각형은 A로 만든 정사각형에 비해서, BC

와 길이를 같이 잴 수 없는 선분으로 만든 정사각형의 넓이만큼 더 넓음을 보여야 한다.

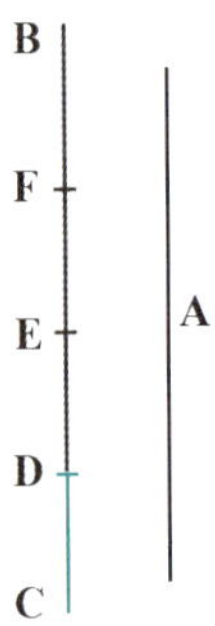

앞에서와 마찬가지로 만들면, BC로 만든 정사각형의 넓이가 A로 만든 정사각형의 넓이에 비해서 FD로 만든 정사각형의 넓이만큼 더 넓음을 보일 수 있다. BC와 DF의 길이를 같이 잴 수 없음을 보여야 한다.

BD와 DC의 길이를 같이 잴 수 없으니, BC와 CD의 길이도 같이 잴 수 없다. [10권 법칙 16] 그런데 DC는 BF, DC를 더한 것과 길이를 같이 잴 수 있다. [10권 법칙 6] 그러므로 BC는 BF, DC를 더한 것과 길이를 같이 잴 수 없다. [10권 법칙 13] 그러므로 BC는 나머지 FD와 길이를 같이 잴 수 없다. [10권 법칙 16]

BC로 만든 정사각형의 넓이는 A로 만든 정사각형의 넓이에 비해서 FD로 만든 정사각형의 넓이만큼 더 넓다. 그러므로 BC로 만든 정사각형의 넓이는 A로 만든 정사각형의 넓이에 비해서, BC와 길이를 같이 잴 수 없는 선분으로 만든 정사각형의 넓이만큼 더 넓다.

그 다음, BC로 만든 정사각형의 넓이가 A로 만든 정사각형의 넓이에 비해서 BC와 길이를 같이 잴 수 없는 선분으로 만든 정사각형의 넓이만큼 더 넓다고 하자. A로 만든 정사각형 넓이의 사분의 일인 평행사변형을 선분 BC에 붙였는데, 그것은 정사각형을 뺀 모양이며, 그것은 BD, DC로 만든 직사각형이라고 하자. 그러면 BD와 DC의 길이를 같이 잴 수 없음을 보여야 한다.

마찬가지 방법으로 만들어서, BC로 만든 정사각형은 A로 만든 정사각형에 비해서 FD로 만든 정사각형만큼 더 넓음을 보일 수 있다. 그런데 BC로 만든 정사각형은 A로 만든 정사각형에 비해서 BC와 길이를 같이 잴 수 없는 선분으로 만든 정사각형의 넓이만큼 더 넓다고 했으니, BC와 FD의 길이를 같이 잴 수 없다.

그러므로 BC는 남는 것과도 길이를 같이 잴 수 없으며 [10권 법칙 16], 남는 것은 BF와 DC를 더한 것이다. 그런데 BF, DC를 더한 것은 DC와 길이를 같이 잴 수 있다. [10권 법칙 6] 그러므로 BC와 CD는 길이를 같이 잴 수 없다. [10권 법칙 13] 그러므로 비례식의 빼셈에 따라서 BD와 DC의 길이를 같이 잴 수 없다. [10권 법칙 16]

그러므로 이 법칙이 성립한다. □

해설 앞의 법칙과 마찬가지로 기호들을 사용하면, 이 법칙에서 보이고자 하는 것을 다음과 같이 표현할 수 있다.

(1) 만약 $(a-x)$, x를 같이 잴 수 없으면, a, $\sqrt{a^2-b^2}$ 도 같이 잴 수 없다.

(2) 만약 a, $\sqrt{a^2-b^2}$ 을 같이 잴 수 없으면, $(a-x)$, x도 같이 잴 수 없다.

또는 방정식을 다음과 같이 대칭인 형태로 나타내면,

$$xy = \frac{b^2}{4}, \; x+y=a$$

(1) 만약 $x \cup y$이면, $a \cup \sqrt{a^2-b^2}$ 이다.

(2) 만약 $a \cup \sqrt{a^2-b^2}$ 이면, $x \cup y$이다.

증명 과정은 법칙 17의 (1), (2)의 과정과 거의 같다. $x \cap 2x$ 와 $2x \cap x$ 는 그냥 남겨 두고, 다른 식들은 $\cap$ 대신에 $\cup$ 를 넣으면 되며, 10권 법칙 12, 15 대신에 10권 법칙 13, 16을 각각 넣으면 된다.

보조 법칙

길이를 같이 잴 수 있는 선분들로 만든 정사각형들의 넓이는 반드시 같이 잴 수 있지만, 정사각형들의 넓이를 같이 잴 수 있다고 해서 선분들의 길이를 반드시 같이 잴 수 있는 것은 아니며, 같이 잴 수 있는 경우도 있고 같이 잴 수 없는 경우도 있음을 보였다. 그러니 길이가 바른 선분을 주었을 때 그것과 길이를 같이 잴 수 있는 선분은 길이가 바르다고 말하며, 길이 뿐만 아니라 그것으로 만든 정사각형의 넓이도 원래 선분으로 만든 것과 같이 잴 수 있음이 명백하다. 왜냐 하면, 길이를 같이 잴 수 있는 선분들은 그것들로 만든 정사각형들의 넓이도 반드시 같이 잴 수 있기 때문이다.

길이가 바른 선분을 주었을 때 그것으로 만든 정사각형과 어떤 선분으로 만든 정사각형의 넓이를 같이 잴 수 있으면, 만약 길이도 같이 잴 수 있으면 그 선분의 길이가 바르다고 말하며 길이와 정사각형의 넓이 둘 다 같이 잴 수 있고, 만약 길이를 같이 잴 수 없으면 그 선분의 길이가 바르다고 말하기는 하지만 이 경우는 길이를 같이 잴 수 없으며 정사각형들의 넓이만 같이 잴 수 있다.

법칙 19

길이가 바르며 같이 잴 수 있는 선분들로 만든 직사각형의 넓이는 바르다.

증명 선분 AB, BC의 길이가 바르며 같이 잴 수 있다고 하자. 그러면 이들로 만든 직사각형 ABCE의 넓이는 바름을 보여야 한다.

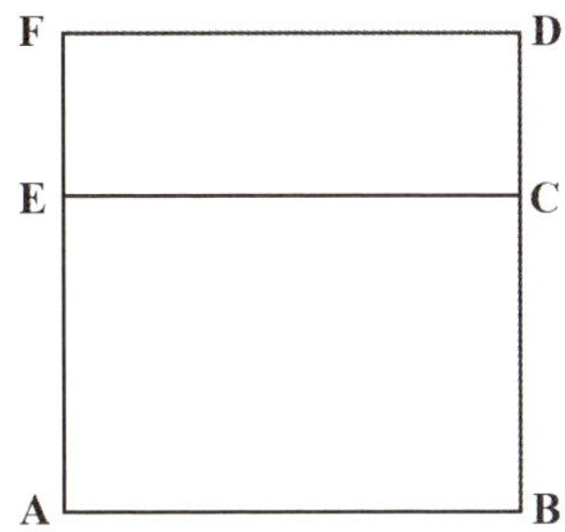

선분 AB에다 정사각형 ABDF를 그려 놓아라. 그러면 ABDF의 넓이는 바르다. [10권 정의 4] AB와 BC의 길이를 같이 잴 수 있고, AB와 BD는 길이가 같으니, BD와 BC의 길이를 같이 잴 수 있다. 그리고 BD와 BC의 길이 비율은 ABDF와 ABCE의 넓이 비율과 같다. [6권 법칙 1]

그러므로 ABDF와 ABCE의 넓이는 같이 잴 수 있다. [10권 법칙 11] 그런데 ABDF의 넓이는 바르다. 그러므로 ABCE의 넓이도 바르다. [10권 정의 4]

그러므로 이 법칙이 성립한다. □

해설 원래 책을 보면, 본문의 기술에 조금 문제가 있다. 그리스어 책을 보면, "앞에서 말한 방법들 중 어떠한 것으로든, 길이를 같이 잴 수 있는, 길이가 바른 선분들로 만든 직사각형"이라고 되어 있다. 같이 잴 수 있는 정도는, 길이를 같이 잴 수 있는 것이 있고, 그들로 만든 정사각형들의 넓이만을 같이 잴 수 있는 것이 있다.

그런데 '길이'를 같이 잴 수 있는 방법은 한 가지 뿐이다. 반면에 주어진 길이가 바른 선분과 비교해서, 길이가 바르게 되는 정도는 두 가지 방법이 있다. 주어진 선분과 비교해서, 길이를 같이 잴 수 있거나, 또는 정사각형들의 넓이만을 같이 잴 수 있는 경우가 있으니까.

그렇기 때문에 빌링슬리는 이 대목을 "길이를 같이 잴 수 있으며, 앞에서 말한 방법들 중 어떠한 것으로든 길이가 바른"이라고 고쳐 놓았다. 그러나 이렇게 고쳐 놓으면, 그리스어 문법에 많이 어긋나게 된다. 이런 난점을 극복하려면, "앞에서 말한 방법들 중 어떠한 것으로든"이라는 부분을 완전히 빼 버리는 편이 좋다. 이 대목은 직전의 보조 법칙과 관계가 있는데, 보조 법칙도 그 진위를 의심받고 있다. 보조 법칙은 매우 장황하게 기술해 놓았으며, 꼭 필요한 것도 아니다. 이 보조 법칙에 덧붙여져 있는 글이 있는데, 그것은 유클리드가 쓴 것이 아님이 확실하며, 그래서 하이베르그는 그것을 맨 뒤로 돌려놓았다.

그것은 심지어 유클리드의 글인 체 하지도 않는다. "길이가 바른 선분이라고 '그가 말하는' 것은"으로 시작하기 때문이다. 그러니 보조 법칙 자체를 맨 뒤로 돌려놓아야 할 것 같다. 오거스트는 그렇게 하였으며, 문제의 글은 아예 빼 놓았다. 나도 그 글은 아예 빼 버렸다. 10권 법칙 23의 뒤에 붙여 놓은 법칙과 10권 법칙 24의 증명 과정에서도 이와 똑같은 문제가 발생한다.

주어진 길이가 바른 선분들 중의 하나를 ρ라 하자. (10권 정의 3의 의미로 길이가 바르다고 하자.) 그러면 길이가 바른 다른 선분은 $k\rho$로 나타낼 수 있다. 여기서 k는, 어떤 정수 m, n이 있어서, $k = m/n$ 형태가 된다. 그러므로 직사각형의 넓이는 $k\rho^2$이며, 이것은 ρ^2과 같이 잴 수 있으니, 넓이가 바름이 명백하다. [10권 정의 4]

넓이가 바른 직사각형은 ab, ka^2, $k\mathrm{A}$, A 등등의 형태가 될 수 있다. 여기서 a, b는 단위 길이와 같이 잴 수 있으며,A는 단위 넓이와 같이 잴 수 있다.

유클리드는 ρ와 길이를 같이 잴 수 있는 선분을 $k\rho$라는 기호로 써 나타낼 수가 없었다. 그래서 유클리드의 증명 방법은

$$\rho^2 : k\rho^2 = \rho : k\rho$$

와 같은 형태의 표현을 밟아야 했다. 여기서 ρ, $k\rho$는 같이 잴 수 있으며, 따라서 ρ^2, $k\rho^2$도 같이 잴 수 있다. [10권 법칙 11]

법칙 20

길이가 바른 선분에다 넓이가 바른 직사각형들을 그려 놓아라. 그러면 이 때 생기는 폭은 길이가 바르며, 원래 선분과 길이를 같이 잴 수 있다.

증명 길이가 바른 선분 AB에다 넓이가 바른 직사각형 ABCE를 그려 놓아라. 그래서 폭 BC가 생겼다고 하자. 그러면 BC의 길이는 바르며, AB의 길이와 같이 잴 수 있음을 보여야 한다.

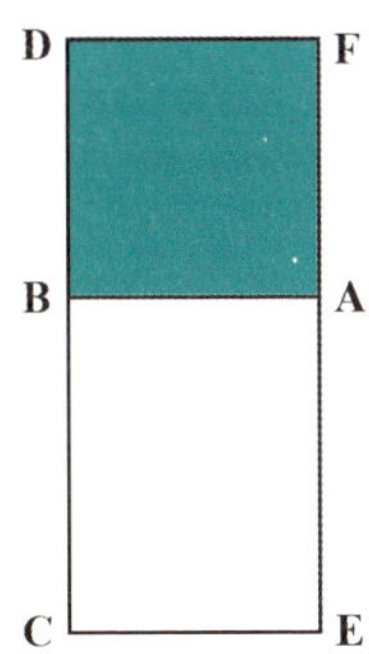

AB에다 정사각형 ABDF를 그려 놓아라. 그러면 ABDF의 넓이는 바르다. [10권 정의 4] 그런데 ABCE의 넓이도 바르다. 그러므로 ABDF와 ABCE의 넓이는 같이 잴 수 있다.

그런데 ABDF와 ABCE의 넓이 비율은 DB와 BC의 길이 비율과 같다. [6권 법칙 1] 그러므로 DB와 BC의 길이는 같이 잴 수 있다. [10권 법칙 11] 그리고 DB와 BA는 길이가 같다. 그러므로 AB도 BC와 길이를 같이 잴 수 있다. 그런데 AB의 길이는 바르다. 그러므로 BC

의 길이도 바르며, AB와 길이를 같이 잴 수 있다.

그러므로 이 법칙이 성립한다. □

해설 이 법칙은 앞의 법칙의 역이다.길이가 바른 선분을 ρ라 하면, 임의의 바른 넓이는 $k\rho^2$ 형태가 된다. 이것을 ρ에다 붙이면, 폭은 $k\rho$가 되며, $k\rho$는 ρ와 길이를 같이 잴 수 있으며, 따라서 길이가 바르다. 다른 어떤 길이가 바른 선분 σ에다 이 넓이를 붙여도, 역시 같은 결과가 나온다. 이 경우 폭은

$$\frac{k\rho^2}{\sigma} = \frac{k\,\rho^2}{\sigma^2} \cdot \sigma = \frac{m}{n} k \cdot \sigma$$

가 된다. 즉 $k'\sigma$가 된다.

법칙 21

길이가 바르지만 정사각형들의 넓이만을 같이 잴 수 있고 길이는 같이 잴 수 없는 두 선분으로 만든 직사각형의 넓이는 바르지 않다. 이것과 넓이가 같도록 정사각형을 만들면 변의 길이가 바르지 않다. 그런 길이를 중용이라고 부르자.

증명 두 선분 AB, BC를 가지고 직사각형 ABCE를 만들었는데, 두 선분 AB, BC는 이들로 만든 정사각형들의 넓이는 같이 잴 수 있지만 길이는 같이 잴 수 없다고 하자. 그러면 ABCE의 넓이는 바르지 않다. 이것과 넓이가 같도록 정사각형을 만들면 변의 길이가 바르지 않다. 그런 길이를 '중용'이라고 부르자.

AB에다 정사각형 ABDF를 그려 놓아라. 그러면 ABDF의 넓이는 바르다. [10권 정의 4] 가정에 따라서 AB와 BC는 이들로 만든 정사

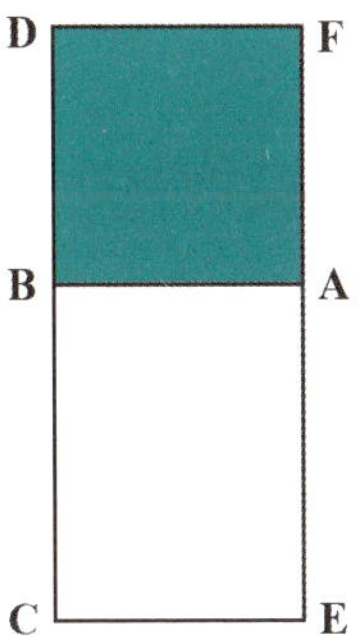

각형들의 넓이만을 같이 잴 수 있으며 길이는 같이 잴 수 없다. 그리고 AB와 BD는 길이가 같다. 그러므로 DB와 BC도 길이를 같이 잴 수 없다.

그런데 DB와 BC의 길이 비율은 ABDF와 ABCE의 넓이 비율과 같다. [6권 법칙 1] 그러므로 ABDF와 ABCE의 넓이는 같이 잴 수 없다. [10권 법칙 11] 그런데 ABDF의 넓이는 바르다. 그러므로 ABCE의 넓이는 바르지 않다.

따라서 ABCE와 넓이가 같도록 정사각형을 만들면 그 변의 길이가 바르지 않다. [10권 정의 4] 그런 길이를 '중용'이라고 부르자.

그러므로 이 법칙이 성립한다. □

해설 '중용'인 선분에 대한 정의가 여기에서 처음 등장한다. 이렇게 이름을 붙인 까닭은, 정사각형들의 넓이만을 같이 잴 수 있는, 길이가 바른 두 선분들의 비례 중항이 이것이기 때문이다. 정사각형들의 넓이만을 같이 잴 수 있는, 길이가 바른 두 선분을 ρ, $\rho\sqrt{k}$ 로 나타낼 수 있다. 중용인 선분은 이들의 비례 중항이니, $\sqrt{\rho^2\sqrt{k}}$ 형태이다. 즉 $k^{\frac{1}{4}}\rho$ 형태이다.

유클리드는 이것이 길이가 바르지 않음을 다음과 같이 증명하고 있다. ρ, $\rho\sqrt{k}$ 는 이들로 만든 정사각형들의 넓이만을 같이 잴 수 있도록 잡았다고 하자. 그러니 이들은 길이를 같이 잴 수 없다.

비례식
$$\rho : \rho\sqrt{k} = \rho^2 : \rho^2\sqrt{k}$$
가 성립한다. 그러므로 10권 법칙 11에 따라서, $\rho^2\sqrt{k}$ 와 ρ^2 은 같이 잴 수 없다. 그러므로 10권 정의 4에 따라서, $\rho^2\sqrt{k}$ 는 넓이가 바르지 않다. 그러므로 10권 정의 4에 따라서, $\sqrt{\rho^2\sqrt{k}}$ 는 길이가 바르지 않다. 중용인 선분은 $\sqrt{a\sqrt{\mathrm{B}}}$ 형태나 또는 $\sqrt[4]{\mathrm{AB}}$ 형태가 된다. 물론, 여기서 B는 $k^2\mathrm{A}$ 꼴이 아니어야 한다.

보조 법칙

두 선분이 있다고 하자. 첫 번째 선분과 두 번째 선분의 길이 비율은, 첫 번째 선분으로 만든 정사각형과 이들 두 선분으로 만든 직사각형의 넓이 비율과 같다.

증명 두 선분 FE, EG가 있다고 하자. 그러면 FE와 EG의 길이 비율은 FE로 만든 정사각형과 FE, EG로 만든 직사각형의 넓이 비율과 같음을 보여야 한다.

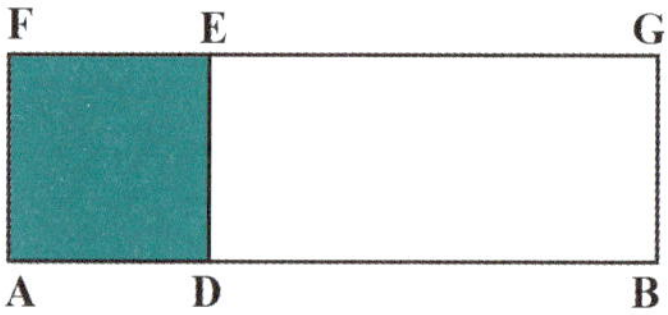

FE에다 정사각형 FEDA를 그려 놓아라. 그리고 직사각형 EGBD를 만들어라. 그러면 FE와 EG의 길이 비율은 FEDA와 EGBD의 넓이 비율과 같다. [6권 법칙 1] 그런데 FEDA는 FE로 만든 정사각형이고, EGBD는 DE, EG로 만든 직사각형이다. 즉 FE, EG로 만든 직사각형이다. 그러므로 FE와 EG의 길이 비율은 FE로 만든 정사각형과 FE, EG로 만든 직사각형의 넓이 비율과 같다.

마찬가지로 GE, EF로 만든 직사각형과 EF로 만든 정사각형의 넓이 비율, 즉 EGBD와 FEDA의 넓이 비율은 GE와 EF의 길이 비율과 같다.

그러므로 이 법칙이 성립한다. □

해설 a, b가 두 선분이라면, $\quad a : b = a^2 : ab$

법칙 22

중용인 선분으로 정사각형을 만든 다음, 그것과 넓이가 같은 직사각형을 길이가 바른 선분에다 붙여라. 그러면 이 때 생기는 폭은 길이가 바르지만, 그 직사각형을 붙인 선분과 길이를 같이 잴 수 없다.

증명 선분 A가 중용이라고 하고, 선분 CB의 길이는 바르다고 하자. A로 만든 정사각형과 넓이가 같도록 직사각형 BCDH를 BC에다 붙여라. 그러면 폭 CD가 생긴다. CD의 길이는 바르지만 CB와 같이 잴 수 없음을 보여야 한다.

A가 중용이니 A로 만든 정사각형의 넓이는, 길이는 같이 잴 수 없고 정사각형들의 넓이만을 같이 잴 수 있는 두 선분으로 만든 직사각형의 넓이와 같다. [10권 법칙 21] 이 직사각형을 GEFI라 하자.

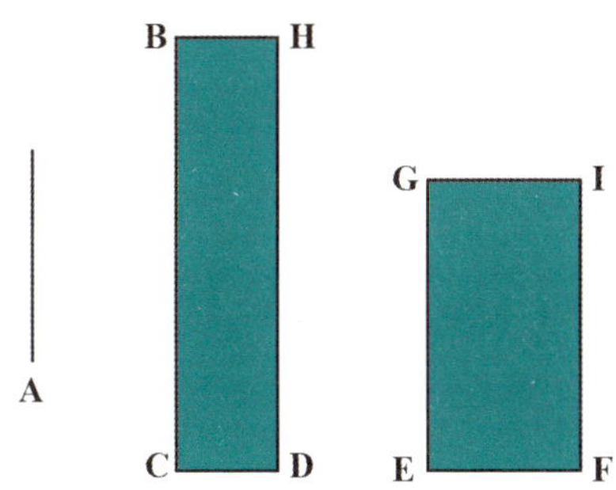

A로 만든 정사각형의 넓이는 BCDH의 넓이와 같으니, BCDH와 GEFI는 넓이가 같다. 그런데 이들은 각들도 모두 같다. 넓이가 같고 각이 모두 같은 평행사변형들은 같은 각을 끼고 있는 변들의 길이가 역으로 비례한다. [6권 법칙 14] 그러므로 BC와 EG의 비율은 EF와 CD의 비율과 같다.

그러므로 BC로 만든 정사각형과 EG로 만든 정사각형의 넓이 비율은 EF로 만든 정사각형과 CD로 만든 정사각형의 넓이 비율과 같다. [6권 법칙 22] 그런데 CB로 만든 정사각형과 EG로 만든 정사각형은 넓이를 같이 잴 수 있다. 왜냐 하면, 이 선분들의 길이가 바르기 때문이다. 그러므로 EF로 만든 정사각형과 CD로 만든 정사각형도 넓이를 같이 잴 수 있다. [10권 법칙 11]

그런데 EF로 만든 정사각형의 넓이는 바르다. 그러므로 CD로 만든 정사각형의 넓이도 바르다. [10권 정의 4] 그러므로 CD의 길이는 바르다. EF와 EG는 길이를 같이 잴 수 없고 이들로 만든 정사각형들의 넓이만을 같이 잴 수 있으니, 그리고 EF와 EG의 비율은 EF로 만든 정사각형과 FE, EG로 만든 직사각형의 넓이 비율과 같으니 [보조 법칙], EF로 만든 정사각형과 FE, EG로 만든 직사각형의 넓이는 같이 잴 수 없다. [10권 법칙 11]

그런데 CD로 만든 정사각형과 EF로 만든 정사각형의 넓이는 같이 잴 수 있다. 왜냐 하면, 이 선분들의 길이는 바르기 때문이다. 그리고 DC, CB로 만든 직사각형과 FE, EG로 만든 직사각형의 넓이는 같이 잴 수 있다. 왜냐 하면, 이들의 넓이는 A로 만든 정사각형의 넓이와 같기 때문이다. 그러므로 CD로 만든 정사각형은 DC, CB로 만든 직사각형과 넓이를 같이 잴 수 없다. [10권 법칙 13]

그런데 CD로 만든 정사각형과 DC, CB로 만든 직사각형의 넓이 비율은 DC와 CB의 길이 비율과 같다. [보조 법칙] 그러므로 DC와 CB의 길이는 같이 잴 수 없다. [10권 법칙 11] 그러므로 CD의 길이는 바르지만 CB와 같이 잴 수 없다.

그러므로 이 법칙이 성립한다. □

해설 우리는 대수 기호를 써서 나타내기 때문에, 이 법칙의 결과가 자명해 보인다. 중용 선분으로 만든 정사각형의 넓이는 $\sqrt{k}\,\rho^2$ 형태임을 알고 있다. 다른 어떤 길이가 바른 선분 σ에다 이 넓이를 붙이면, 폭은 $\frac{\sqrt{k}\,\rho^2}{\sigma}$이 된다.

이것은 $\frac{\sqrt{k}\,\rho^2}{\sigma^2}\cdot\sigma = \sqrt{k}\cdot\frac{m}{n}\sigma$와 같다. 여기서 m, n은 정수이다. 후자의 선분은 $\sqrt{k'}\cdot\sigma$ 형태로 표현할 수 있으니, σ와 비교해서 정사각형들의 넓이만을 같이 잴 수 있음이 명백하다. 그러므로 길이가 바르기는 하지만, σ와 길이를 같이 잴 수 없다.

유클리드의 증명 과정은 당연히 더 긴데, 두 부분으로 되어 있다. 직사각형을 $\sqrt{k}\,\rho^2 = \sigma x$라 하자. 그러면

(1) $\sigma : \rho = \sqrt{k}\,\rho : x$ [6권 법칙 14]

그러므로 $\sigma^2 : \rho^2 = k\rho^2 : x^2$ [6권 법칙 22]

그런데 $\sigma^2 \cap \rho^2$이니, $k\rho^2 \cap x^2$이다. [10권 법칙 11]

그리고 $k\rho^2$은 바르니, x^2도 바르다. 그러므로 x는 바르다. [10권 정의 4]

(2) $\sqrt{k}\,\rho \wedge \rho$, $\sqrt{k}\,\rho \cup \rho$이다. 그런데 보조 법칙에 따라서

$$\sqrt{k}\,\rho : \rho = k\rho^2 : \sqrt{k}\,\rho^2$$

그러므로 $k\rho^2 \cup \sqrt{k}\,\rho^2$ [10권 법칙 11]

그런데 $\sqrt{k}\,\rho^2 = \sigma x$이고 $k\rho^2 \cap x^2$ (위에 의해서)이니,

$x^2 \cup \sigma x$ [10권 법칙 13]

그리고 보조 법칙에 따라서 $x^2 : \sigma x = x : \sigma$이니, $x \cup \sigma$

법칙 23

중용인 선분과 같이 잴 수 있는 선분은 중용이다.

증명 A가 중용이라고 하고, A와 B의 길이를 같이 잴 수 있다고 하자. 그러면 B도 중용임을 보여야 한다.

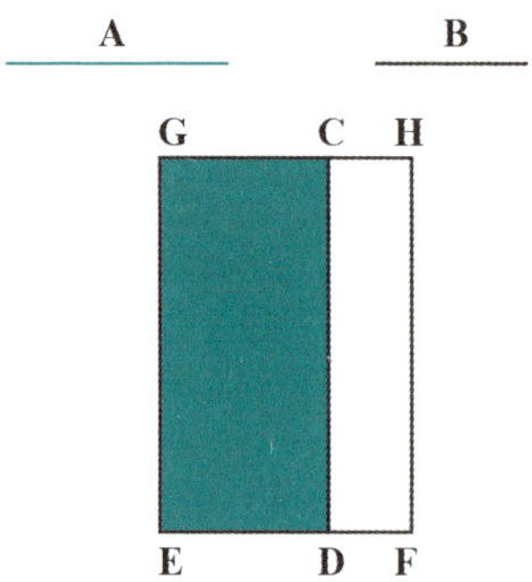

길이가 바른 선분 CD를 그어라. A로 만든 정사각형과 넓이가 같은 직사각형 CDEG를 CD에다 붙여라. 그러면 폭 ED가 생긴다. ED의 길이는 바르지만 CD의 길이와 같이 잴 수 없다. [10권 법칙 22]

B로 만든 정사각형과 넓이가 같은 직사각형 CDFH를 CD에다 붙여라. 그러면 폭 DF가 생긴다.

A와 B는 길이를 같이 잴 수 있으니, A로 만든 정사각형과 B로 만든 정사각형의 넓이는 같이 잴 수 있다. 그런데 EDCG의 넓이는 A로 만든 정사각형의 넓이와 같다. 그리고 CDFH의 넓이는 B로 만든 정사각형의 넓이와 같다. 그러므로 EDCG와 CDFH는 넓이를 같이 잴 수 있다.

그런데 EDCG와 CDFH의 넓이 비율은 ED와 DF의 길이 비율과 같다. [6권 법칙 1] 그러므로 ED와 DF의 길이는 같이 잴 수 있다. [10권 법칙 11] 그런데 ED의 길이는 바르지만, DC와 같이 잴 수 없다. 그러므로 DF의 길이도 바르지만 [10권 정의 3], DC와 같이 잴 수 없다. [10권 법칙 13] 그러므로 CD, DF의 길이는 바르지만, 그들로 만든 정사각형들의 넓이만을 같이 잴 수 있다.

길이가 바르지만 그들로 만든 정사각형들의 넓이만을 같이 잴 수 있는 두 선분으로 만든 직사각형과 넓이가 같은 정사각형을 만드는 변은 중용이다. [10권 법칙 21] 그러므로 CD, DF로 만든 직사각형과 넓이가 같은 정사각형을 만드는 선분은 중용이다. 그런데 B로 만든 정사각형의 넓이는 CD, DF로 만든 직사각형의 넓이와 같다. 그러므로 B는 중용이다.

그러므로 이 법칙이 성립한다. □

해설 중용 선분과 길이를 같이 잴 수 있는 선분은 당연히 중용이며, 중용 선분과 비교해서 이들로 만든 정사각형들의 넓이만을 같이 잴 수 있는 선분도 중용이다.

대수 기호를 사용하면, 다음과 같이 쉽게 보일 수 있다.

주어진 중용 선분을 $k^{\frac{1}{4}}\rho$라 하자. 이것과 길이를 같이 잴 수 있는 선분을 $\lambda k^{\frac{1}{4}}\rho$라 하고, 정사각형들의 넓이만을 같이 잴 수 있는 선분을 $\sqrt{\lambda}\, k^{\frac{1}{4}}\rho$라 하자.

그런데 $\lambda\rho$와 $\sqrt{\lambda}\,\rho$는 둘 다 바르며 [10권 정의 3], 따라서 ρ'라 표현할 수 있다. 그러므로 $\lambda k^{\frac{1}{4}}\rho$이든, $\sqrt{\lambda}\, k^{\frac{1}{4}}\rho$이든, 둘 다 $k^{\frac{1}{4}}\rho'$ 형태로 표현할 수 있다. 이것은 중용임이 명백하다.

유클리드의 증명 과정은 다음과 같다.

두 개의 넓이 $\sqrt{k}\,\rho^2$과 $\lambda^2\sqrt{k}\,\rho^2$(또는 $\lambda\sqrt{k}\,\rho^2$)을 길이가 바른 선분 σ에다 붙여라.

그러면 폭은 $\sqrt{k}\,\frac{\rho^2}{\sigma}$과 $\lambda^2\sqrt{k}\,\frac{\rho^2}{\sigma}$(또는 $\lambda\sqrt{k}\,\frac{\rho^2}{\sigma}$)이 되며, 이들의 비율은 두 넓이 $\sqrt{k}\,\rho^2$과 $\lambda^2\sqrt{k}\,\rho^2$(또는 $\lambda\sqrt{k}\,\rho^2$)의 비율과 같으니, 이들은 같이 잴 수 있다.

10권 법칙 22에 따라서, $\sqrt{k}\,\frac{\rho^2}{\sigma}$은 바르지만, σ와 같이 잴 수 없다.

그러므로 $\lambda^2\sqrt{k}\,\frac{\rho^2}{\sigma}$(또는 $\lambda\sqrt{k}\,\frac{\rho^2}{\sigma}$)도 바르지만, σ와 같이 잴 수 없다. 그러므로 넓이 $\lambda^2\sqrt{k}\,\rho^2$(또는 $\lambda\sqrt{k}\,\rho^2$)은, 길이가 바르지만 그들로 만든 정사각형들의 넓이만을 같이 잴 수 있는 선분들로 만들었다. 그러므로 $\lambda k^{\frac{1}{4}}\rho$(또는 $\sqrt{\lambda}\,k^{\frac{1}{4}}\rho$)는 중용 선분이다.

딸린법칙

이것을 보면 중용인 넓이와 같이 잴 수 있는 넓이도 중용임이 명백하다.

유클리드의 설명

법칙 18 다음에 나오는 보조 법칙에서 길이가 바른 경우에 대해서 설명해 놓은 것처럼, 중용인 경우에도 마찬가지로 길이가 중용인 것과 길이를 같이 잴 수 있으면 '중용'이며, 이 경우 길이 뿐만 아니라 이들로 만든 정사각형들의 넓이도 같이 잴 수 있다. 일반적으로 길이를 같이 잴 수 있는 선분들은 그들로 만든 정사각형들의 넓이도 같이 잴 수 있기 때문이다.
어떤 선분으로 만든 정사각형이 중용인 선분으로 만든 정사각형과 넓이를 같이 잴 수 있으면, 만약 길이도 같이 잴 수 있으면 그 선분은 길이와 정사각형의 넓이를 같이 잴 수 있는 중용인 선분이라 부르지만, 만약 길이를 같이 잴 수 없으면 정사각형의 넓이만을 같이 잴 수 있는 중용인 선분이라 부른다.

해설 '중용인 넓이'가 처음으로 거론된 곳이 여기이다. 중용인 넓이란, 중용인 선분으로 만든 정사각형의 넓이를 뜻한다. 즉,

$$k^{\frac{1}{2}}\rho^2$$

형태의 넓이를 뜻한다. 중용인 넓이라는 용어가 나온 곳은 여기가 처음이지만, 사실 이 넓이는 '중용 선분'이 나오기 전에 (10권 법칙 21에서) 등장하였다.

이 딸린 법칙은, $\lambda k^{\frac{1}{2}}\rho^2$이 중용인 넓이임을 주장하고 있다. 이것은 명백하다.

법칙 24

길이를 같이 잴 수 있는 중용인 선분들로 만든 직사각형의 넓이는 중용이다.

증명 두 선분 AB, BC로 직사각형 ABCE를 만들었는데, 이 두 선분은 길이를 같이 잴 수 있는 중용이라고 하자. 그러면 ABCE의 넓이는 중용임을 보이겠다.

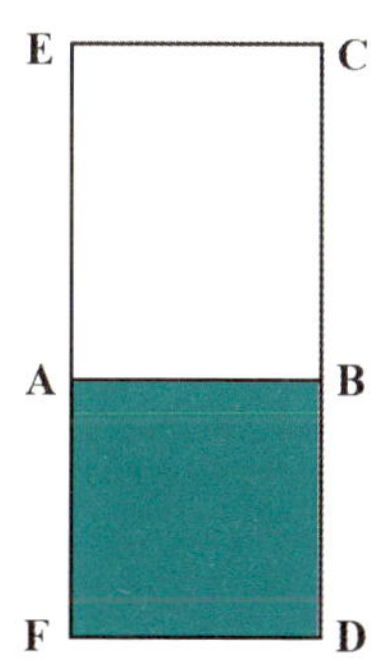

선분 AB에다 정사각형 ABDF를 그려라. 그러면 ABDF의 넓이는 중용이다. AB와 BC의 길이를 같이 잴 수 있다고 했고, AB와 BD는 길이가 같으니, DB와 BC의 길이도 같이 잴 수 있다. 그러므로 ABDF와 ABCE의 넓이도 같이 잴 수 있다. [6권 법칙 1, 10권 법칙 11] 그런데 ABDF의 넓이는 중용이다. 그러므로 ABCE의

넓이도 중용이다. [10권 법칙 23, 딸린 법칙]

그러므로 이 법칙이 성립한다. □

해설 이 법칙을 증명해 나가는 본문 내용에도, 10권 법칙 19에서와 같은 문제점이 있다. 그리스어 책을 보면, "앞에서 말한 방법들 중 어떠한 것으로든 길이를 같이 잴 수 있는 중용인 선분들"이라는 대목이 나온다. 그런데 선분들을 '같이 잴 수 있는' 방법은 한 가지 뿐이다. 비록 이들이 중용이 되는 방법은 두 가지가 있지만. 즉 주어진 중용 선분과 길이를 같이 잴 수 있거나, 또는 그들로 만든 정사각형들의 넓이만을 같이 잴 수 있거나. 10권 법칙 19를 설명하면서 말했듯이, 나는 "앞에서 말한 방법들 중 어떠한 것으로든" 이라는 말을 빼 버렸다.

$k^{\frac{1}{4}}\rho$와 $\lambda k^{\frac{1}{4}}\rho$는 중용 선분들이며, 길이를 같이 잴 수 있다. 이들이 만드는 직사각형의 넓이는 $\lambda k^{\frac{1}{2}}\rho^2$이다. 이것은 $k^{\frac{1}{2}}(\rho')^2$이라 쓸 수 있으며, 따라서 중용임이 명백하다.

유클리드의 증명 방법은 다음과 같다. 중용이며 길이를 같이 잴 수 있는 두 선분을 x, λx라 하자. 그러면

$$x^2 : x\lambda x = x : \lambda x$$

그런데 $x \cap \lambda x$이니, 10권 법칙 11에 따라서 $x^2 \cap x\lambda x$이다. 그런데 10권 법칙 21에 따라서 x^2은 중용이니, 10권 법칙 23, 딸린 법칙에 따라서 $x\lambda x$도 중용이다.

중용이며 길이를 같이 잴 수 있는 두 선분을 $mk^{\frac{1}{4}}\rho$, $nk^{\frac{1}{4}}\rho$ 형태로 쓸 수 있다. 이것들은 $m\sqrt{a\sqrt{\mathrm{B}}}$, $n\sqrt{a\sqrt{\mathrm{B}}}$ 형태 또는

$m\sqrt[4]{AB}$, $n\sqrt[4]{AB}$ 형태이다.

법칙 25

정사각형들의 넓이만을 같이 잴 수 있는 중용인 선분들로 만든 직사각형의 넓이는 바를 수도 있고 또는 중용일 수도 있다.

증명 중용인 두 선분 AB, BC로 직사각형 ABCJ를 만들었는데, 이 두 선분은 그들로 만든 정사각형들의 넓이만을 같이 잴 수 있다고 하자. 그러면 ABCJ의 넓이는 바를 수도 있고 또는 중용일 수도 있음을 보여야 한다.

선분 AB, BC에다 정사각형 ABDI, BOEC를 그려 놓아라. 그러면 정사각형 ABDI, BOEC의 넓이는 각각 중용이다.

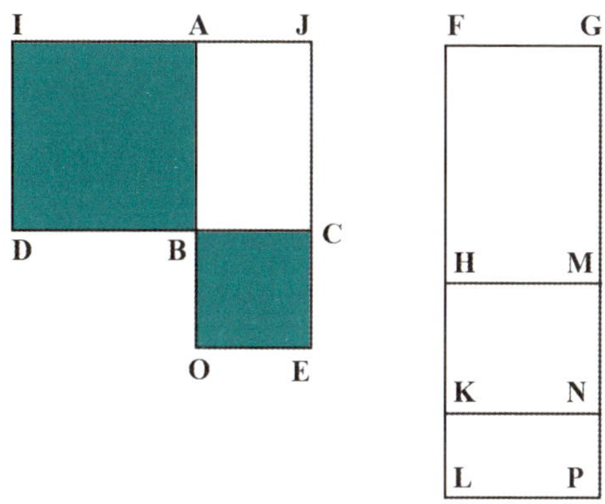

길이가 바른 선분 FG를 그은 다음, ABDI와 넓이가 같도록 직사각형 FHMG를 만들어 붙여라. 그러면 폭 FH가 생긴다. 그리고 HM에다 ABCJ와 넓이가 같도록 직사각형 HKNM을 만들어 붙여라. 그러면 폭 HK가 생긴다. 그리고 KN에다 BOEC와 넓이가 같도록 직사각형 KLPN을 만들어 붙여라. 그러면 폭 KL이 생긴다. 이 때 FH, HK, KL은 한 선분에 놓인다.

각각의 정사각형 ABDI, BOEC의 넓이는 중용이고, ABDI와

FHMG는 넓이가 같고, BOEC와 KLPN은 넓이가 같으니, 직사각형 FHMG, KLPN의 넓이는 중용이다. 그런데 이들은 길이가 바른 선분 FG에 그려 놓았다. 그러므로 두 선분 FH, KL은 길이가 바르지만 FG와 같이 잴 수 없다. [10권 법칙 22]

ABDI와 BOEC의 넓이는 같이 잴 수 있으니, FHMG와 KLPN의 넓이도 같이 잴 수 있다. 그런데 FHMG와 KLPN의 넓이 비율은 FH와 KL의 길이 비율과 같으니 [6권 법칙 1], FH와 KL의 길이는 같이 잴 수 있다. [10권 법칙 11]

따라서 FH, KL은 길이가 바르며 같이 잴 수 있으니, FH와 KL로 만든 직사각형의 넓이는 바르다. [10권 법칙 19] 그런데 DB와 BA의 길이가 같고, OB와 BC의 길이가 같으니, DB와 BC의 비율은 AB와 BO의 비율과 같다. 그런데 DB와 BC의 비율은 ABDI와 ABCJ의 넓이 비율과 같고, AB와 BO의 비율은 ABCJ와 BOEC의 넓이 비율과 같다. [6권 법칙 1] 그러므로 ABDI와 ABCJ의 넓이 비율은 ABCJ와 BOEC의 넓이 비율과 같다.

그런데 ABDI와 FHMG는 넓이가 같고, ABCJ와 HKNM은 넓이가 같고, BOEC와 KLPN은 넓이가 같으니, FHMG와 HKNM의 넓이 비율은 HKNM과 KLPN의 넓이 비율과 같다. 그러므로 FH와 HK의 비율은 HK와 KL의 비율과 같다. [6권 법칙 1, 5권 법칙 11] 그러므로 FH, KL로 만든 직사각형은 HK로 만든 정사각형과 넓이가 같다. [6권 법칙 17] 그런데 FH, KL로 만든 직사각형의 넓이는 바르다. 그러므로 HK로 만든 정사각형의 넓이도 바르다. 그러므로 HK는 바르다.

만약 HK를 FG와 길이를 같이 잴 수 있으면, HKNM의 넓이는 바르다. [10권 법칙 19] 만약 HK와 FG의 길이를 같이 잴 수 없으면, HK와 HM은 정사각형들의 넓이만을 같이 잴 수 있는 바른 선분들이다. 그러므로 HKNM의 넓이는 중용이다. [10권 법칙 21]

그러므로 HKNM의 넓이는 바르거나 또는 중용이다. 그런데 HKNM은 ABCJ와 넓이가 같다. 그러므로 ABCJ의 넓이는 바르거나 또는 중용이다.

그러므로 이 법칙이 성립한다. □

해설 그들로 만든 정사각형들의 넓이만을 같이 잴 수 있는, 중용인 두 선분은 $k^{\frac{1}{4}}\rho$, $\sqrt{\lambda}\,k^{\frac{1}{4}}\rho$ 형태가 된다.

이들로 만든 직사각형은 $\sqrt{\lambda}\,k^{\frac{1}{2}}\rho^2$ 이다. 이것은 일반적으로 중용이지만, 만약 $\sqrt{\lambda} = k'\sqrt{k}$ 이면, 이것은 $kk'\rho^2$ 이 되어서 바르게 된다.

유클리드의 증명 방법은 다음과 같다. 편의상 $k^{\frac{1}{4}}\rho$를 x라 하자. 그러면 중용인 두 선분은 x, $\sqrt{\lambda}\,x$가 된다. 넓이 x^2, $x\sqrt{\lambda}\,x$, λx^2을 만들어라. 이 넓이들이 각각 σu, σv, σw와 같다고 하자. 여기서 σ는 길이가 바른 선분이다. 그러면 x^2, λx^2은 넓이가 중용이다. 그러니 σu, σw도 그렇다. 그러므로 u, w는 길이가 바르며, 둘 다 $\wedge\sigma$ 이다.

그런데 $x^2 \cap \lambda x^2$

그러므로 $\sigma u \cap \sigma w$

그러므로 $u \cap w$ ······ (1)

그러므로 u, w는 둘 다 바르며, 따라서 uw는 바르다. ······ (2)

이제 $x^2 : \sqrt{\lambda}\, x^2 = \sqrt{\lambda}\, x^2 : \lambda x^2$

즉 $\sigma u : \sigma v = \sigma v : \sigma w$

그러므로 $u : v = v : w$

따라서 $uw = v^2$

그러므로 (2)에 따라서 v^2은 바르다. 그러므로 v는 바르다. 이제

(가) 만약 $v \cap \sigma$이면, σv는 바르다. 즉 $\sqrt{\lambda}\, x^2$은 바르다.

(나) 만약 $v \cup \sigma$이면, $v \wedge \sigma$이니까, σv는 '중용'이다. 즉 $\sqrt{\lambda}\, x^2$은 '중용'이다.

법칙 26

중용인 넓이와 중용인 넓이는 바른 넓이만큼 차이가 날 수 없다.

증명 만약에 이게 가능하다면, 중용인 넓이 AJBI가 중용인 넓이 ADCI보다 바른 넓이 DJBC만큼 더 넓다고 하자. 길이가 바른 선분 EF를 그어라. EF에다 AJBI와 넓이가 같도록 직사각형 FLHE를 만들어 붙여라. 그러면 폭 EH가 생긴다. 여기에서 ADCI와 넓이가 같은 직사각형 FKGE를 빼라. 그러면 나머지 DJBC는 나머지 KLHG와 넓이가 같다. 그런데 DJBC의 넓이가 바르다고 했으니, KLHG의 넓이도 바르다.

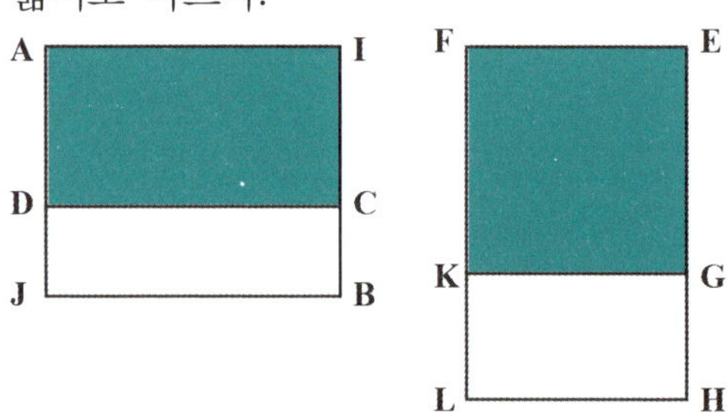

두 직사각형 AJBI, ADCI의 넓이는 중용이고, AJBI와 FLHE는 넓이가 같고, ADCI와 FKGE는 넓이가 같으

니, 두 직사각형 FLHE, FKGE의 넓이는 중용이다. 이들을 길이가 바른 선분 EF에 붙였으니, 두 선분 HE와 EG는 길이가 바르지만 EF와 같이 잴 수 없다. [10권 법칙 22]

DJBC의 넓이가 바르고 KLHG의 넓이는 DJBC와 같으니, KLHG의 넓이도 바르다. 이것을 길이가 바른 선분 EF에다 붙였으니, GH의 길이는 바르며 EF의 길이와 같이 잴 수 있다. [10권 법칙 20] 그런데 EG의 길이는 바르며 EF의 길이와 같이 잴 수 없으니, EG와 GH의 길이는 같이 잴 수 없다. [10권 법칙 13]

EG와 GH의 비율은 EG로 만든 정사각형과 EG, GH로 만든 직사각형의 넓이 비율과 같으니, EG로 만든 정사각형과 EG, GH로 만든 직사각형은 넓이를 같이 잴 수 없다. [10권 법칙 11] 그런데 EG, GH로 만든 정사각형들은 EG로 만든 정사각형과 넓이를 같이 잴 수 있다. 왜냐 하면, 둘 다 바르기 때문이다.

그리고 EG, GH로 만든 직사각형의 두 배는 EG, GH로 만든 직사각형과 넓이를 같이 잴 수 있다. 왜냐 하면, 두 배이기 때문이다. [10권 법칙 6] 그러므로 EG, GH로 만든 정사각형들은 EG, GH로 만든 직사각형의 두 배와 넓이를 같이 잴 수 없다. [10권 법칙 13] 그러므로 EG, GH로 만든 정사각형들에다 EG, GH로 만든 직사각형의 두 배를 더한 것은, 즉 EH로 만든 정사각형은 [2권 법칙 4], EG, GH로 만든 정사각형들과 넓이를 같이 잴 수 없다. [10권 법칙 16] 그런데 EG, GH로 만은 정사각형들의 넓이는 바르다. 그러므로 EH로 만든 정사각형의 넓이는 바르지 않다. [10권 정의 4] 그러므로 EH의 길이는 바르지 않다. 그런데 EH의 길이는 바르니, 이건 모순이다.

그러므로 이 법칙이 성립한다. □

해설 중용인 두 넓이를 주고, 이것들을 길이가 바른 선분 ρ에다 "붙여라." 그러면 이것들을 $\rho k^{\frac{1}{2}}\rho$, $\rho\lambda^{\frac{1}{2}}\rho$ 형태로 쓸 수 있다.

이들의 차이는 $(\sqrt{k}-\sqrt{\lambda})\rho^2$ 이다. 법칙 26은 이것이 바를 수가 없음을 주장한다. 즉 $\sqrt{k}-\sqrt{\lambda}$ 는 k'와 같을 수가 없다.

유클리드의 증명 과정을 따라가기가 쉽도록, $k^{\frac{1}{2}}\rho$를 x라 하고, $\lambda^{\frac{1}{2}}\rho$를 y라 하자. $\rho(x-y)=\rho z$라 놓아라. 만약에 가능하다면, ρz가 바르다고 하자. 그러면 z는 바르며,

$$z \cap \rho \qquad \cdots\cdots (1)$$

그런데 ρx, ρy는 중용이니, x, y는 바르며,

$$x \cup \rho,\ y \cup \rho \qquad \cdots\cdots (2)$$

(1), (2)로부터 $y \cup z$

이제 $y : z = y^2 : yz$

그러므로 $y^2 \cup yz$

그런데 $y^2+z^2 \cap y^2$

그리고 $2yz \cap yz$

그러므로 $y^2+z^2 \cup 2yz$

따라서 $(y+z)^2 \cup y^2+z^2$

즉 $x^2 \cup y^2+z^2$

그런데 y^2+z^2은 바르다. 그러므로 x^2은 바르지 않으며, 따라서 x는 바르지 않다. 그런데 x는 바르다고 했으니, 이건 모순이다.

그러므로 ρz는 바르지 않다.

법칙 27

중용인 두 선분을 찾되, 그들로 만든 정사각형들의 넓이만을 같이 잴 수 있고, 그들이 만드는 직사각형의 넓이는 바르게 되도록 하시오.

증명 길이가 바르고 그들로 만든 정사각형들의 넓이만을 같이 잴 수 있는 두 선분 A, B를 찾아라. A, B 사이에 놓이는 비례 중항 C를 찾아라. [6권 법칙 13] A와 B의 비율이 C와 D의 비율과 같도록 D를 잡아라. [6권 법칙 12]

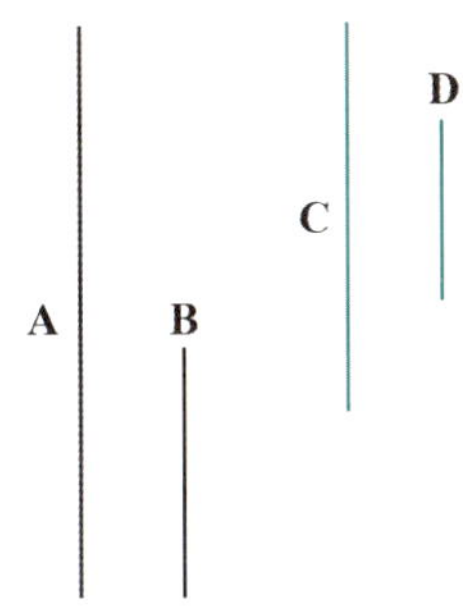

A, B의 길이는 바르고 그들로 만든 정사각형들의 넓이만을 같이 잴 수 있으니, A, B로 만든 직사각형의 넓이, 즉 C로 만든 정사각형의 넓이는 중용이다. [6권 법칙 17, 10권 법칙 21] 그러므로 C는 중용이다. [10권 법칙 21]

A와 B의 비율은 C와 D의 비율과 같고, A, B는 그들로 만든 정사각형들의 넓이만을 같이 잴 수 있으니, C, D도 그들로 만든 정사각형들의 넓이만을 같이 잴 수 있다. [10권 법칙 11] 그런데 C는 중용이다. 그러므로 D도 중용이다. [10권 법칙 23, 딸린 법칙] 그러므로 C, D는 중용이며, 그들로 만든 정사각형들의 넓이만을 같이 잴 수 있다.

이제 그들이 만드는 직사각형의 넓이가 바름을 보이겠다. A와 B의 비율은 C와 D의 비율과 같으니, 바꾼 비례식에 따라서 A와 C의 비율은 B와 D의 비율과 같다. [5권 법칙 16] 그런데 A와 C의 비율은 C와 B의 비율과 같다. 그러므로 C와 B의 비율은 B와

D의 비율과 같다. 그러므로 C, D로 만든 직사각형의 넓이는 B로 만든 정사각형의 넓이와 같다.

그런데 B로 만든 정사각형의 넓이는 바르다. 그러므로 C, D로 만든 정사각형의 넓이는 바르다. 그러므로 중용인 두 선분으로, 그들로 만든 정사각형들의 넓이만을 같이 잴 수 있으며, 그들이 만드는 직사각형의 넓이는 바른 두 선분을 찾았다.

그러므로 이 법칙이 성립한다. □

해설 유클리드는 그들로 만든 정사각형들의 넓이만을 같이 잴 수 있는 중용 선분을 두 개 잡았다. 이것들을 ρ, $k^{\frac{1}{2}}\rho$라 하자.

이들의 비례 중항 $k^{\frac{1}{4}}\rho$를 잡아라. 비례식

$$\rho : k^{\frac{1}{2}}\rho = k^{\frac{1}{4}}\rho : x \qquad \cdots\cdots (1)$$

가 성립하도록 x를 잡아라. 그러면

$$x = k^{\frac{3}{4}}\rho$$

가 되며, 두 선분

$$k^{\frac{1}{4}}\rho,\ k^{\frac{3}{4}}\rho$$

가 바로 우리가 찾는 답이다. 왜냐 하면, $k^{\frac{1}{4}}\rho$는 중용이다. 그리고 $\rho \wedge k^{\frac{1}{2}}\rho$이니, (1)에 따라서

$$k^{\frac{1}{4}}\rho \wedge k^{\frac{3}{4}}\rho$$

그런데 $k^{\frac{1}{4}}\rho$는 중용이니, 10권 법칙 23의 뒤에 덧붙여 놓은 내

용에 따라서, $k^{\frac{3}{4}}\rho$도 중용이다.

이렇게 찾은 중용 선분들은 다음 형태로 되어 있다.

$$\sqrt{a\sqrt{B}}\ ,\ \sqrt{\frac{B\sqrt{B}}{a}}\quad 또는\quad \sqrt[4]{AB}\ ,\ \sqrt{B\frac{\sqrt{B}}{\sqrt{A}}}$$

법칙 28

중용인 두 선분을 찾되, 그들로 만든 정사각형들의 넓이만을 같이 잴 수 있고, 그들이 만드는 직사각형의 넓이는 중용이 되도록 하시오.

증명 세 선분 A, B, C가 길이가 바르고 그들로 만든 정사각형들의 넓이만을 같이 잴 수 있도록 잡아라. A, B 사이에 놓이는 비례 중항 D를 잡아라. [6권 법칙 13] B와 C의 비율이 D와 E의 비율과 같도록 E를 잡아라. [6권 법칙 12]

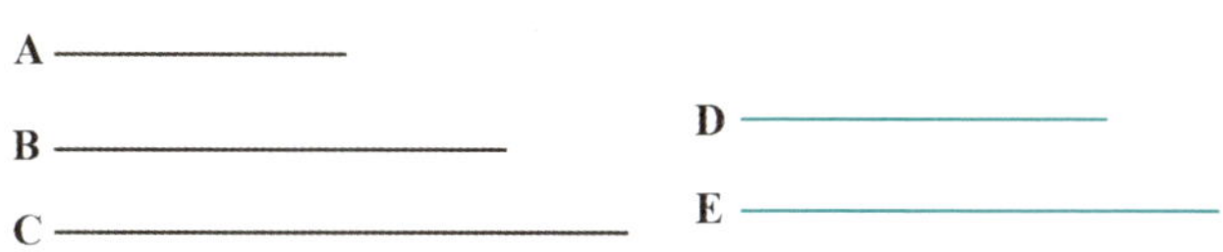

A, B의 길이는 바르고 그들로 만든 정사각형들의 넓이만을 같이 잴 수 있으니, A, B로 만든 직사각형의 넓이, 즉 D로 만든 정사각형의 넓이는 중용이다. [6권 법칙 17, 10권 법칙 21] 그러므로 D는 중용이다. [10권 법칙 21]

B, C는 그들로 만든 정사각형들의 넓이만을 같이 잴 수 있고, B와 C의 비율은 D와 E의 비율과 같으니, D, E도 그들로 만든 정사각형들의 넓이만을 같이 잴 수 있다. [10권 법칙 11] 그런데 D는

중용이다. 그러므로 E도 중용이다. [10권 법칙 23, 딸린 법칙] 그러므로 D, E는 중용이며, 그들로 만든 정사각형들의 넓이만을 같이 잴 수 있다.

이제 그들이 만드는 직사각형의 넓이가 중용임을 보이겠다. B와 C의 비율은 D와 E의 비율과 같으니, 바꾼 비례식에 따라서 B와 D의 비율은 C와 E의 비율과 같다. [5권 법칙 16] 그런데 B와 D의 비율은 D와 A의 비율과 같다. 그러므로 D와 A의 비율은 C와 E의 비율과 같다. 그러므로 A, C로 만든 직사각형의 넓이는 D, E로 만든 직사각형의 넓이와 같다. [6권 법칙 16] 그런데 A, C로 만든 직사각형의 넓이는 중용이다. [10권 법칙 21] 그러므로 D, E로 만든 직사각형의 넓이도 중용이다. 그러므로 중용인 두 선분으로, 그들로 만든 정사각형들의 넓이만을 같이 잴 수 있으며, 그들이 만드는 직사각형의 넓이는 중용인 두 선분을 찾았다.

그러므로 이 법칙이 성립한다. □

해설 유클리드는 그들로 만든 정사각형들의 넓이만을 같이 잴 수 있는 선분을 세 개 잡았다. 즉 ρ, $k^{\frac{1}{2}}\rho$, $\lambda^{\frac{1}{2}}\rho$를 잡았다. 그리고 다음과 같이 증명해 나간다.

ρ, $k^{\frac{1}{2}}\rho$의 비례 중항인 $k^{\frac{1}{4}}\rho$를 잡아라. 비례식

$$k^{\frac{1}{2}}\rho : \lambda^{\frac{1}{2}}\rho = k^{\frac{1}{4}}\rho : x \qquad \cdots\cdots (1)$$

가 성립하도록 x를 잡아라. 그러면

$$x = \lambda^{\frac{1}{2}}\rho / k^{\frac{1}{4}}$$

이 되며, 두 선분

$$k^{\frac{1}{4}}\rho,\ \lambda^{\frac{1}{2}}\rho/k^{\frac{1}{4}}$$

이 바로 우리가 찾는 중용 선분이다.

왜냐 하면, $k^{\frac{1}{4}}\rho$는 중용이다. 그리고 $k^{\frac{1}{2}}\rho \wedge \lambda^{\frac{1}{2}}\rho$이니, (1)에 따라서

$$k^{\frac{1}{4}}\rho \wedge x$$

그러므로 10권 법칙 23의 뒤에 덧붙여 놓은 내용에 따라서, x도 중용이다. 그리고 비례식 (1)에 따라서

$$\lambda^{\frac{1}{2}}\rho : x = k^{\frac{1}{2}}\rho : k^{\frac{1}{4}}\rho = k^{\frac{1}{4}}\rho : \rho$$

그러므로 $x\,k^{\frac{1}{4}}\rho = \lambda^{\frac{1}{2}}\rho^2$은 중용이다.

선분 $k^{\frac{1}{4}}\rho,\ \lambda^{\frac{1}{2}}\rho/k^{\frac{1}{4}}$은 원래 선분들이 어떤 형태이냐에 따라서 그 모습이 달라진다. 원래 선분들의 형태가

(1) $a,\ \sqrt{\mathrm{B}},\ \sqrt{\mathrm{C}}$
(2) $\sqrt{\mathrm{A}},\ \sqrt{\mathrm{B}},\ \sqrt{\mathrm{C}}$
(3) $\sqrt{\mathrm{A}},\ b,\ \sqrt{\mathrm{C}}$
(4) $\sqrt{\mathrm{A}},\ \sqrt{\mathrm{B}},\ c$

라 하자. 그러면 $k^{\frac{1}{4}}\rho,\ \lambda^{\frac{1}{2}}\rho/k^{\frac{1}{4}}$의 형태는

(1)의 경우 $\sqrt{a\sqrt{\mathrm{B}}},\ \sqrt{\dfrac{a\mathrm{C}}{\sqrt{\mathrm{B}}}}$ (2)의 경우 $\sqrt[4]{\mathrm{AB}},\ \sqrt{\dfrac{\mathrm{C}\sqrt{\mathrm{A}}}{\sqrt{\mathrm{B}}}}$

가 된다. 등등.

보조 법칙 1

두 제곱수를 찾되, 그들을 더한 것도 제곱수가 되도록 하시오.

증명 AB, BC가 둘 다 짝수가 되거나 또는 둘 다 홀수가 되도록 잡아라. 짝수에서 짝수를 빼든, 홀수에서 홀수를 빼든 나머지는 짝수이니 [9권 법칙 24, 26], 나머지 AC는 짝수이다.

AC의 중점 D를 잡아서 이등분해라. 그리고 AB, BC가 닮은꼴 평면수들이거나 또는 제곱수들이라고 하자. 제곱수들도 물론 닮은꼴 평면수들이다.

AB, BC를 곱한 것에다 CD를 제곱한 것을 더하면 BD를 제곱한 것과 같다. [2권 법칙 6] 그런데 AB, BC를 곱한 것은 제곱수이다. 왜냐 하면, 두 닮은꼴 평면수들을 곱하면 제곱수가 되기 때문이다. [9권 법칙 1] 그러므로 AB, BC를 곱한 것과 CD를 제곱한 것은 두 제곱수이며, 이들을 더하면 BD의 제곱이 된다.

그리고 두 제곱수로 BD의 제곱과 CD의 제곱을 잡으면, 이들의 차이가 AB와 BC의 곱이어서 제곱수이다. 이것은 물론 AB, BC가 닮은꼴 평면수인 경우에 그렇다는 말이다. 이들이 닮은꼴 평면수가 아니면, 두 제곱수로 BD의 제곱과 CD의 제곱을 잡으면, 이들의 차이가 AB와 BC의 곱이어서 제곱수가 아니다.

그러므로 이 법칙이 성립한다. □

해설 1권 법칙 47에서 이미 언급하였듯이, 변들의 길이가 정수인 직각삼각형을 만드는 방법으로, 유클리드가 고안한 것은 다음과 같다.

두 개의 닮은꼴 평면수들을 잡아라. 즉 mnp^2, mnq^2을 잡아라. 그리고 이들이 둘 다 짝수이거나 또는 둘 다 홀수라고 하자. 그러니 이들의 차이를 2로 나눌 수 있다.

이들을 곱하면 $m^2n^2p^2q^2$이 되며, 이것은 제곱수이다. [9권 법칙 1] 그리고 2권 법칙 6에 따라서

$$mnp^2 \cdot mnq^2 + \left(\frac{mnp^2 - mnq^2}{2}\right)^2 = \left(\frac{mnp^2 + mnq^2}{2}\right)^2$$

그러므로 두 수 $mnpq$, $\frac{1}{2}(mnp^2 - mnq^2)$을 제곱해서 더하면, 그 결과도 제곱수가 된다. 그리고 두 수 $\frac{1}{2}(mnp^2 + mnq^2)$, $mnpq$를 제곱한 것들의 차이가 제곱수가 됨이 명백하다.

보조 법칙 2

두 제곱수를 찾되, 그들을 더한 것은 제곱수가 안 되도록 하시오.

증명 앞에서와 마찬가지로 AB, BC를 곱한 것이 제곱수가 되도록 해라. 그리고 CA는 짝수이며, 중점 D를 잡아서 CA를 이등분해라.

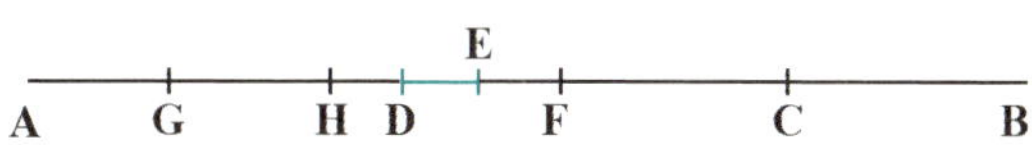

그러면 AB, BC를 곱한 것에다 CD를 제곱한 것을 더하면 BD를 제곱한 것과 같음이 명백하다. [보조 법칙 1] 단위수 DE를 빼라. 그러면 AB, BC를 곱한 것에다 CE를 제곱한 것을 더하면 BD를 제곱한 것보다 더 작음이 명백하다. AB, BC를 곱한 것에다 CE를 제곱한 것을 더한 것은 제곱수가 아님을 보이겠다.

만약에 이게 제곱수라면, 이것은 BE의 제곱과 같거나 또는 BE

의 제곱보다 작을 것이다. BE의 제곱보다 클 수는 없다. 왜냐 하면, 단위수를 쪼갤 수는 없기 때문이다.

우선, AB, BC를 곱한 것에다 CE를 제곱한 것을 더한 것이 BE의 제곱과 같다고 하자. 단위수 DE의 두 배가 되도록 GA를 잡아라. AC 전체는 CD 전체의 두 배이고, AG는 DE의 두 배이니, 나머지 GC는 나머지 EC의 두 배이다. 그러므로 점 E는 GC를 이등분한다. 그러므로 GB, BC를 곱한 것에다 CE를 제곱한 것을 더하면 BE의 제곱과 같다. [2권 법칙 6] 그런데 가정에 따라서 AB, BC를 곱한 것에다 CE를 제곱한 것을 더한 것도 BE의 제곱과 같다. 그러므로 GB, BC를 곱한 것에다 CE를 제곱한 것을 더하면 AB, BC를 곱한 것에다 CE를 제곱한 것을 더한 것과 같다. 공통으로 있는 CE 제곱을 빼면, AB와 GB의 크기가 같음이 나온다. 그러나 이건 말도 안 된다. 그러므로 AB, BC를 곱한 것에다 CE를 제곱한 것을 더한 것은 BE의 제곱과 같을 수가 없다.

그 다음, 이것이 BE의 제곱보다 작을 수도 없음을 보이겠다. 만약 가능하다면, 이것이 BF의 제곱과 같다고 하자. DF의 두 배가 되도록 HA를 잡아라.

앞에서와 마찬가지로 HC는 CF의 두 배이고, 따라서 CH도 F에서 이등분되며, 그렇기 때문에 HB, BC를 곱한 것에다 FC를 제곱한 것을 더하면 BF를 제곱한 것과 같다. [2권 법칙 6]

그런데 가정에 따라서 AB, BC를 곱한 것에다 CE를 제곱한 것을 더한 것은 BF의 제곱과 크기가 같다. 그러므로 HB, BC를 곱한 것에다 CF를 제곱한 것을 더하면 AB, BC를 곱한 것에다 CE를 제곱한 것을 더한 것과 크기가 같다. 이건 말도 안 된다.

그러므로 AB, BC를 곱한 것에다 CE를 제곱한 것을 더한 것은 BE의 제곱보다 작을 수도 없다. 그리고 BE의 제곱과 같을 수도 없음을 이미 보였다. 그러므로 AB, BC를 곱한 것에다 CE를 제곱한 것을 더한 것은 제곱수가 아니다.

그러므로 이 법칙이 성립한다. □

해설 보조 법칙 1에서 나온 식은 다음과 같이 약간 간단한 꼴로 쓸 수 있다.

$$mp^2 \cdot mq^2 + \left(\frac{mp^2 - mq^2}{2}\right)^2 = \left(\frac{mp^2 + mq^2}{2}\right)^2$$

여기서도 앞에서와 마찬가지로 mp^2, mq^2은 둘 다 짝수이거나 또는 둘 다 홀수라고 하자.

이제 유클리드는

$$mp^2 \cdot mq^2 + \left(\frac{mp^2 - mq^2}{2} - 1\right)^2$$

이 제곱수가 아니라고 말한다. 유클리드는 '모순을 이끌어 내는 방법'으로 증명하고 있다.

이 수는 $mp^2 \cdot mq^2 + \left(\frac{mp^2 - mq^2}{2}\right)^2$ 보다 더 작음이 확실하다. 즉 $\left(\frac{mp^2 + mq^2}{2}\right)^2$ 보다 더 작다.

만약에 문제의 수가 제곱수이면, 그것의 변(제곱근)은 $\frac{mp^2 + mq^2}{2}$ 바로 아래의 수인 $\frac{mp^2 + mq^2}{2} - 1$과 비교해서 더 크거나, 또는 같거나, 또는 더 작을 것이다.

(1) 그런데 변은 $\frac{mp^2+mq^2}{2}-1$보다 더 클 수가 없다. 바로 다음의 수가 $\frac{mp^2+mq^2}{2}$이기 때문이다.

(2) 2권 법칙 6에 따라서

$$(mp^2-2)mq^2+\left(\frac{mp^2-mq^2}{2}-1\right)^2=\left(\frac{mp^2+mq^2}{2}-1\right)^2$$

만약에 $mp^2\cdot mq^2+\left(\frac{mp^2-mq^2}{2}-1\right)^2$ 이 $\left(\frac{mp^2+mq^2}{2}-1\right)^2$과 크기가 같으면, 식

$$(mp^2-2)mq^2=mp^2\cdot mq^2$$

이 성립한다. 즉

$$mp^2-2=mp^2$$

이 된다. 그러나 이것은 불가능하다.

(3) 마지막으로,

$$mp^2\cdot mq^2+\left(\frac{mp^2-mq^2}{2}-1\right)^2<\left(\frac{mp^2+mq^2}{2}-1\right)^2$$

이라 하고, 이것이 $\left(\frac{mp^2+mq^2}{2}-r\right)^2$과 같다고 하자. 2권 법칙 6에 따라서

$$(mp^2-2r)mq^2+\left(\frac{mp^2-mq^2}{2}-r\right)^2=\left(\frac{mp^2+mq^2}{2}-r\right)^2$$

그러므로

$$(mp^2-2r)mq^2+\left(\frac{mp^2-mq^2}{2}-r\right)^2=mp^2\cdot mq^2+\left(\frac{mp^2-mq^2}{2}-1\right)^2$$

그러나 이것은 불가능하다.

그러므로 세 가지 가정이 모두 성립하지 않으며, 따라서 $mp^2 \cdot mq^2$ 과 $\left(\frac{mp^2 - mq^2}{2} \quad 1\right)^2$ 을 더한 것은 제곱수가 아니다.

법칙 29

길이가 바른 두 선분을 찾되, 그들로 만든 정사각형들의 넓이만을 같이 잴 수 있고, 긴 선분으로 만든 정사각형의 넓이는 짧은 선분으로 만든 정사각형의 넓이에 비해서 긴 선분과 길이를 같이 잴 수 있는 선분으로 만든 정사각형의 넓이만큼 더 넓도록 만드시오.

증명 길이가 바른 선분 AB를 아무것이나 잡은 다음에, 두 제곱수 CD, DE의 차이 CE가 제곱수가 아니도록 잡아라. [보조 법칙 1] AB에다 반원 AFB를 그려라. 그리고 DC와 CE의 비율이 AB로 만든 정사각형과 AF로 만든 정사각형의 넓이 비율과 같도록 F를 잡아라. [10권 법칙 6, 딸린 법칙] 선분 FB를 그어라.

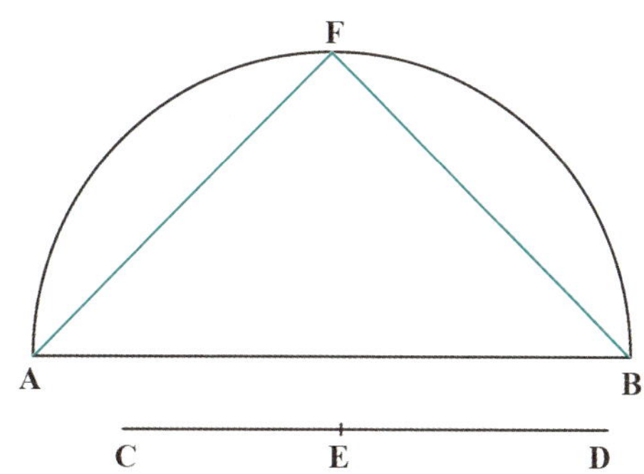

AB로 만든 정사각형과 AF로 만든 정사각형의 넓이 비율이 수 DC와 수 CE의 비율과 같으니, AB로 만든 정사각형과 AF로 만든 정사각형의 넓이는 같이 잴 수 있다. [10권 법칙 6] 그런데 AB로 만든 정사각형의 넓이는 바르다. [10권 정의 4] 그러므로 AF로 만든 정사각형의 넓이도 바르다. [10권 정의 4] 그러므로 AF의 길이는 바르다.

DC와 CE의 비율은 제곱수와 제곱수의 비율과 같지 않으니, AB로 만든 정사각형과 AF로 만든 정사각형의 넓이 비율도 제곱수와 제곱수의 비율과 같지 않다. 그러므로 AB와 AF의 길이는 같이 잴 수 없다. [10권 법칙 9] 그러므로 AB, AF의 길이는 바르지만, 그들로 만든 정사각형들의 넓이만을 같이 잴 수 있다.

DC와 CE의 비율은 AB로 만든 정사각형과 AF로 만든 정사각형의 넓이 비율과 같으니, 전자와 뺀 것과의 비례식에 따라서 CD와 DE의 비율은 AB로 만든 정사각형과 BF로 만든 정사각형의 넓이 비율과 같다. [5권 법칙 19, 딸린 법칙, 3권 법칙 31, 1권 법칙 47]

그런데 CD와 DE의 비율은 제곱수와 제곱수의 비율과 같다. 그러므로 AB로 만든 정사각형과 BF로 만든 정사각형의 넓이 비율은 제곱수와 제곱수의 비율과 같다. 그러므로 AB와 BF의 길이는 같이 잴 수 있다. [10권 법칙 9]

AB로 만든 정사각형의 넓이는 AF, FB로 만든 정사각형들의 넓이를 더한 것과 같으니, AB로 만든 정사각형의 넓이는 AF로 만든 정사각형의 넓이에 비해서 BF로 만든 정사각형의 넓이만큼 더 넓다. 그리고 BF는 AB와 같이 길이를 잴 수 있다.

그러므로 길이가 바른 두 선분 AB, AF를 찾았는데, 이들로 만든 정사각형들의 넓이만을 같이 잴 수 있으며, AB로 만든 정사각형은 AF로 만든 정사각형에 비해서 BF로 만든 정사각형만큼 더 넓으며, BF와 AB는 길이를 같이 잴 수 있다.

그러므로 이 법칙이 성립한다. □

해설 길이가 바른 선분 ρ를 잡고, 두 수 m^2, n^2을 잡되, m^2-n^2은 제

곱수가 아니도록 잡아라. 비례식

$$m^2 : m^2 - n^2 = \rho^2 : x^2 \qquad \cdots\cdots (1)$$

이 성립하도록 선분 x를 잡아라. 그러면

$$x^2 = \frac{m^2 - n^2}{m^2}\rho^2$$

그러므로 $x = \rho\sqrt{1-k^2}$

이다. 여기서 $k = \dfrac{n}{m}$

그러면 ρ, $\rho\sqrt{1-k^2}$ 이 바로 우리가 찾는 선분들이다.

(1)로 부터 $x^2 \cap \rho^2$

그리고 x는 바르지만, $x \cup \rho$

비례식 (1)로부터, 우리는 비례식

$$m^2 : n^2 = \rho^2 : \rho^2 - x^2$$

을 얻는다. 그러므로 $\sqrt{\rho^2 - x^2} \cap \rho$ 이다. 사실, $\sqrt{\rho^2 - x^2} = k\rho$ 이다.

그러니 ρ가 a 형태이냐 또는 $\sqrt{A}$ 형태이냐에 따라서, 두 선분은 (1) a, $\sqrt{a^2 - b^2}$ 형태 또는 (2) $\sqrt{A}$, $\sqrt{A - k^2 A}$ 형태가 된다.

법칙 30

길이가 바른 두 선분을 찾되, 그들로 만든 정사각형들의 넓이만을 같이 잴 수 있고, 긴 선분으로 만든 정사각형의 넓이는 짧은 선분으로 만든 정사각형의 넓이에 비해서 긴 선분과 길이를 같이 잴 수 없는 선분으로 만든 정사각형의 넓이만큼 더 넓도록 만드시오.

증명 길이가 바른 선분 AB를 아무것이나 잡은 다음에, 두 제곱수 CE,

ED를 더한 CD가 제곱수가 아니도록 잡아라. [보조 법칙 2] AB에다 반원 AFB를 그려라. 그리고 DC와 CE의 비율이 AB로 만든 정사각형과 AF로 만든 정사각형의 넓이 비율과 같도록 F를 잡아라. [10권 법칙 6, 딸린 법칙] 선분 FB를 그어라.

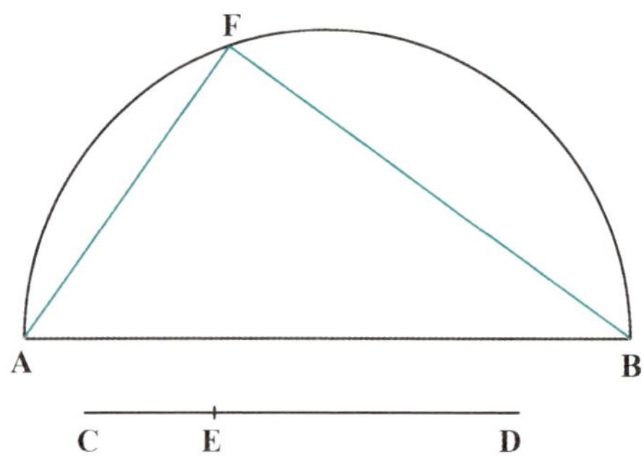

그러면 앞에서와 마찬가지로 AB, AF는 길이가 바르지만 그들로 만든 정사각형들의 넓이만을 같이 잴 수 있음을 보일 수 있다. 그리고 DC와 CE의 비율은 AB로 만든 정사각형과 AF로 만든 정사각형의 넓이 비율과 같으니, 전자와 뺀 것과의 비례식에 따라서 CD와 DE의 비율은 AB로 만든 정사각형과 BF로 만든 정사각형의 넓이 비율과 같다. [5권 법칙 19, 딸린 법칙, 3권 법칙 31, 1권 법칙 47] 그런데 CD와 DE의 비율은 제곱수와 제곱수의 비율과 같지 않다. 그러므로 AB로 만든 정사각형과 BF로 만든 정사각형의 넓이 비율도 제곱수와 제곱수의 비율과 같지 않다. 그러므로 AB와 BF의 길이는 같이 잴 수 없다. [10권 법칙 9]

AB로 만든 정사각형은 AF로 만든 정사각형의 넓이에 비해서 BF로 만든 정사각형의 넓이만큼 더 넓다. 그리고 BF는 AB와 같이 길이를 잴 수 없다. 그러므로 길이가 바른 두 선분 AB, AF를 찾았는데, 이들로 만든 정사각형들의 넓이만을 같이 잴 수 있으며, AB로 만든 정사각형은 AF로 만든 정사각형에 비해서 BF로 만든 정사각형만큼 더 넓으며, BF와 AB는 길이를 같이 잴 수 없다.

그러므로 이 법칙이 성립한다. □

해설 이 경우는 두 수 m^2, n^2을 잡되, m^2+n^2이 제곱수가 아니도록 잡아라. 비례식

$$m^2+n^2 : m^2 = \rho^2 : x^2$$

이 성립하도록 선분 x를 잡아라. 그러면

$$x^2 = \frac{m^2}{m^2+n^2}\rho^2$$

그러므로
$$x = \frac{\rho}{\sqrt{1+k^2}}$$

이다. 여기서
$$k = \frac{n}{m}$$

그러면 ρ, $\dfrac{\rho}{\sqrt{1+k^2}}$가 바로 요구 조건을 만족하는 선분들이다.

증명 방법은 앞의 법칙과 거의 같으니, 여기에다 되풀이해 놓지 않겠다.

ρ가 a 형태이냐 또는 $\sqrt{\text{A}}$ 형태이냐에 따라서, 두 선분은 (1) a, $\sqrt{a^2-\dfrac{k^2a^2}{1+k^2}}$ 형태, 즉 a, $\sqrt{a^2-\text{B}}$ 형태 또는 (2) $\sqrt{\text{A}}$, $\sqrt{\text{A}-\text{B}}$ 그리고 $\sqrt{\text{A}}$, $\sqrt{\text{A}-b^2}$ 형태가 된다.

법칙 31

길이가 중용인 두 선분을 찾되, 그들로 만든 정사각형들의 넓이만을 같이 잴 수 있고, 그들이 만드는 직사각형의 넓이는

바르며, 긴 선분으로 만든 정사각형의 넓이는 짧은 선분으로 만든 정사각형의 넓이에 비해서 긴 선분과 길이를 같이 잴 수 있는 선분으로 만든 정사각형의 넓이만큼 더 넓도록 하시오.

증명 길이가 바른 두 선분 A, B를 잡되, 이들로 만든 정사각형들의 넓이만을 같이 잴 수 있고, 긴 선분 A로 만든 정사각형의 넓이는 짧은 선분 B로 만든 정사각형의 넓이에 비해서 A와 길이를 같이 잴 수 있는 선분으로 만든 정사각형의 넓이만큼 더 넓게 되도록 잡아라. [10권 법칙 29]

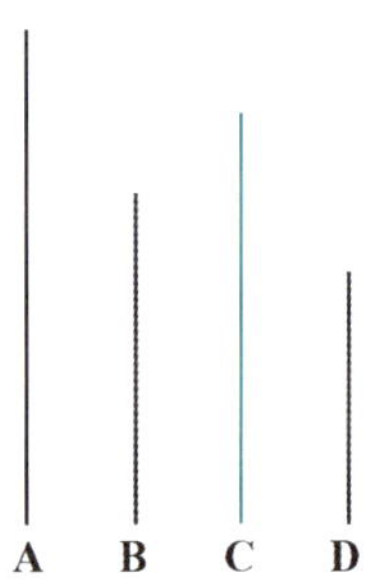

선분 C로 만든 정사각형의 넓이가 A, B로 만든 직사각형의 넓이와 같게 되도록 C를 잡아라. A, B로 만든 직사각형의 넓이는 중용이니 [10권 법칙 21], C로 만든 정사각형의 넓이도 중용이다. 그러므로 C는 중용이다. [10권 법칙 21]

C, D로 만든 직사각형의 넓이가 B로 만든 정사각형의 넓이와 같게 되도록 D를 잡아라. B로 만든 정사각형의 넓이는 바르니, C, D로 만든 직사각형의 넓이도 바르다. A와 B의 비율은 A, B로 만든 직사각형과 B로 만든 정사각형의 넓이 비율과 같고, C로 만든 정사각형은 A, B로 만든 직사각형과 넓이가 같고, C, D로 만든 직사각형은 B로 만든 정사각형과 넓이가 같으니, A와 B의 비율은 C로 만든 정사각형과 C, D로 만든 직사각형의 넓이 비율과 같다.

그런데 C로 만든 정사각형과 C, D로 만든 직사각형의 넓이 비율은 C와 D의 비율과 같다. 그러므로 A와 B의 비율은 C와 D의 비율과 같다. 그런데 A와 B는 이들로 만든 정사각형들의 넓이만을 같이 잴 수 있다. 그러므로 C와 D도 이들로 만든 정사각형들의 넓이만을 같이 잴 수 있다. [10권 법칙 11] 그런데 C는 중용이니, D도 중용이다. [10권 법칙 23, 딸린 법칙]

A와 B의 비율은 C와 D의 비율과 같고, A로 만든 정사각형의 넓이는 B로 만든 정사각형의 넓이에 비해서 A와 길이를 같이 잴 수 있는 선분으로 만든 정사각형의 넓이만큼 더 넓으니, C로 만든 정사각형의 넓이도 D로 만든 정사각형의 넓이에 비해 C와 길이를 같이 잴 수 있는 선분으로 만든 정사각형의 넓이만큼 더 넓다. [10권 법칙 14]

그러므로 중용인 두 선분 C, D를 찾았는데, 이들은 이들로 만든 정사각형들의 넓이만을 같이 잴 수 있으며, 이들이 만드는 직사각형의 넓이는 바르며, C로 만든 정사각형의 넓이는 D로 만든 정사각형의 넓이에 비해서 C와 길이를 같이 잴 수 있는 선분으로 만든 정사각형의 넓이만큼 더 넓다.

비슷한 방법으로 C로 만든 정사각형의 넓이가 D로 만든 정사각형의 넓이에 비해서 C와 길이를 같이 잴 수 없는 선분으로 만든 정사각형의 넓이만큼 더 넓도록 잡을 수도 있다. A로 만든 정사각형의 넓이가 B로 만든 정사각형의 넓이에 비해서 A와 길이를 같이 잴 수 없는 선분으로 만든 정사각형의 넓이만큼 더 넓도록 잡으면 된다. [10권 법칙 30]

그러므로 이 법칙이 성립한다. □

해설 I. 10권 법칙 29에서 찾은 두 선분 ρ, $\rho\sqrt{1-k^2}$ 을 잡아라. 이들은 길이가 바르며, 이들로 만든 정사각형들의 넓이만을 같이 잴 수 있다. 이들의 비례 중항 $\rho(1-k^2)^{\frac{1}{4}}$ 을 잡아라. 그리고 비례식

$$\rho(1-k^2)^{\frac{1}{4}} : \rho\sqrt{1-k^2} = \rho\sqrt{1-k^2} : x$$

가 성립하도록 x를 잡아라.

그러면 $\rho(1-k^2)^{\frac{1}{4}}$, x, 즉 $\rho(1-k^2)^{\frac{1}{4}}$, $\rho(1-k^2)^{\frac{3}{4}}$ 이 요구 조건을 만족하는 선분들이다.

(가) 우선 $\rho^2\sqrt{1-k^2}$ 은 중용인 넓이이며, 따라서 선분

$$\rho(1-k^2)^{\frac{1}{4}} \text{ 은 중용이다.} \qquad \cdots\cdots (1)$$

그리고 $x \cdot \rho(1-k^2)^{\frac{1}{4}} = \rho^2(1-k^2)$ 은 중용인 넓이이다.

(나) ρ, $\rho(1-k^2)^{\frac{1}{4}}$, $\rho\sqrt{1-k^2}$, x는 차례차례 구한 비율이 같은 선분들이다. 그러므로

$$\rho : \rho\sqrt{1-k^2} = \rho(1-k^2)^{\frac{1}{4}} : x \qquad \cdots\cdots (2)$$

(유클리드는 이 비례식을 빙빙 돌아서 길게 증명해야 했다. 그는 10권 법칙 21 다음의 보조 법칙을 사용하여서, 사실상 $a : b = ab : b^2$ 을 쓴 것이다.)

비례식 (2)와 10권 법칙 11에 따라서

$$x \wedge \rho(1-k^2)^{\frac{1}{4}}$$

그런데 $\rho(1-k^2)^{\frac{1}{4}}$ 은 중용이니, x는 중용이다. 즉 $\rho(1-k^2)^{\frac{3}{4}}$

은 중용이다.

(다) ρ, $\rho\sqrt{1-k^2}$ 은 나머지 요구 조건들을 만족하고, 비례식 (2)가 성립하니까, 10권 법칙 14에 따라서, $\rho(1-k^2)^{\frac{1}{4}}$, $\rho(1-k^2)^{\frac{3}{4}}$ 도 나머지 요구 조건들을 만족한다.

ρ가 a 형태이냐 또는 $\sqrt{\mathrm{A}}$ 형태이냐에 따라서, 선분들은 다음 형태가 된다.

(1) $\sqrt{a\sqrt{a^2-b^2}}$, $\dfrac{a^2-b^2}{\sqrt{a\sqrt{a^2-b^2}}}$ 또는

(2) $\sqrt[4]{\mathrm{A}(\mathrm{A}-k^2\mathrm{A})}$, $\dfrac{\mathrm{A}-k^2\mathrm{A}}{\sqrt[4]{\mathrm{A}(\mathrm{A}-k^2\mathrm{A})}}$

II. 길이가 중용인 두 선분을 찾되, 그들로 만든 정사각형들의 넓이만을 같이 잴 수 있고, 그들로 만든 직사각형의 넓이는 바르며, 긴 선분으로 만든 정사각형의 넓이는 짧은 선분으로 만든 정사각형의 넓이에 비해서 긴 선분과 길이를 '같이 잴 수 없는' 선분으로 만든 정사각형의 넓이만큼 더 넓도록 하려면, 우리는 10권 법칙 30을 써서, 그에 대응하는 성질을 가지는 선분들로부터 출발하면 된다. 즉 두 선분 ρ, $\dfrac{\rho}{\sqrt{1+k^2}}$ 로부터 시작하면, 우리는 끝에 가서 두 선분

$$\frac{\rho}{(1+k^2)^{\frac{1}{4}}},\quad \frac{\rho}{(1+k^2)^{\frac{3}{4}}}$$

을 얻게 된다.

ρ가 a 형태이냐 또는 $\sqrt{\mathrm{A}}$ 형태이냐에 따라서, 이 선분들의 형태는 (10권 법칙 30 해설 끝부분처럼 변환시키면) 다음과 같이 된다.

(1) $\sqrt{a\sqrt{a^2-\mathrm{B}}}$, $\dfrac{a^2-\mathrm{B}}{\sqrt{a\sqrt{a^2-\mathrm{B}}}}$ 또는

(2) $\sqrt[4]{\mathrm{A}(\mathrm{A}-\mathrm{B})}$, $\dfrac{\mathrm{A}-\mathrm{B}}{\sqrt[4]{\mathrm{A}(\mathrm{A}-\mathrm{B})}}$ 또는

$\sqrt[4]{\mathrm{A}(\mathrm{A}-b^2)}$, $\dfrac{\mathrm{A}-b^2}{\sqrt[4]{\mathrm{A}(\mathrm{A}-b^2)}}$

법칙 32

길이가 중용인 두 선분을 찾되, 그들로 만든 정사각형들의 넓이만을 같이 잴 수 있고, 그들이 만드는 직사각형의 넓이는 중용이며, 긴 선분으로 만든 정사각형의 넓이는 짧은 선분으로 만든 정사각형의 넓이에 비해서 긴 선분과 길이를 같이 잴 수 있는 선분으로 만든 정사각형의 넓이만큼 더 넓도록 하시오.

증명 길이가 바른 세 선분 A, B, C를 잡되, 이들로 만든 정사각형들의 넓이만을 같이 잴 수 있고, A로 만든 정사각형의 넓이는 C로 만든 정사각형의 넓이에 비해서 A와 길이를 같이 잴 수 있는 선분으로 만든 정사각형의 넓이만큼 더 넓게 되도록 잡아라. [10권 법칙 29]

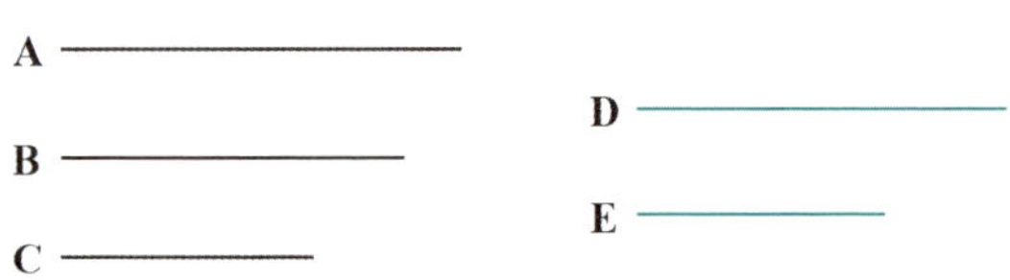

선분 D로 만든 정사각형의 넓이가 A, B로 만든 직사각형의 넓이와 같게 되도록 D를 잡아라. 그러면 D로 만든 정사각형의 넓이는 중용이고, 따라서 D는 중용이다. [10권 법칙 21]

D, E로 만든 직사각형의 넓이가 B, C로 만든 직사각형의 넓이와 같게 되도록 E를 잡아라. 그러면 A, B로 만든 직사각형과 B, C로 만든 직사각형의 넓이 비율은 A와 C의 비율과 같고, D로 만든 정사각형은 A, B로 만든 직사각형과 넓이가 같고, D, E로 만든 직사각형은 B, C로 만든 직사각형과 넓이가 같으니, A와 C의 비율은 D로 만든 정사각형과 D, E로 만든 직사각형의 넓이 비율과 같다. 그런데 D로 만든 정사각형과 D, E로 만든 직사각형의 넓이 비율은 D와 E의 비율과 같다. 그러므로 A와 C의 비율은 D와 E의 비율과 같다. 그런데 A와 C는 이들로 만든 정사각형들의 넓이만을 같이 잴 수 있다. 그러므로 D와 E도 이들로 만든 정사각형들의 넓이만을 같이 잴 수 있다. [10권 법칙 11] 그런데 D는 중용이니, E도 중용이다. [10권 법칙 23, 딸린 법칙]

A와 C의 비율은 D와 E의 비율과 같고, A로 만든 정사각형의 넓이는 C로 만든 정사각형의 넓이에 비해서 A와 길이를 같이 잴 수 있는 선분으로 만든 정사각형의 넓이만큼 더 넓으니, D로 만든 정사각형의 넓이도 E로 만든 정사각형의 넓이에 비해 D와 길이를 같이 잴 수 있는 선분으로 만든 정사각형의 넓이만큼 더 넓다. [10권 법칙 14]

이제 D, E로 만든 직사각형의 넓이가 중용임을 보이겠다. B, C로 만든 직사각형과 D, E로 만든 직사각형은 넓이가 같고, B, C로 만든 직사각형의 넓이는 중용이니 [10권 법칙 21], D, E로 만든 직사각형의 넓이도 중용이다.

그러므로 중용인 두 선분 D, E를 찾았는데, 이들은 이들로 만든 정사각형들의 넓이만을 같이 잴 수 있으며, 이들이 만드는 직사각형의 넓이는 중용이며, D로 만든 정사각형의 넓이는 E로 만든 정사각형의 넓이에 비해서 D와 길이를 같이 잴 수 있는 선분으로 만든 정사각형의 넓이만큼 더 넓다.

비슷한 방법으로 D로 만든 정사각형의 넓이가 E로 만든 정사각형의 넓이에 비해서 D와 길이를 같이 잴 수 없는 선분으로 만든 정사각형의 넓이만큼 더 넓도록 잡을 수도 있다. A로 만든 정사각형의 넓이가 C로 만든 정사각형의 넓이에 비해서 A와 길이를 같이 잴 수 없는 선분으로 만든 정사각형의 넓이만큼 더 넓도록 잡으면 된다. [10권 법칙 30]

그러므로 이 법칙이 성립한다. □

해설 I. 유클리드는 ρ, $\rho\sqrt{\lambda}$, $\rho\sqrt{1-k^2}$ 형태의 세 선분을 잡는다. 그리고 앞의 두 항들의 비례 중항

$$\rho\lambda^{\frac{1}{4}} \qquad \cdots\cdots (1)$$

을 잡고, 비례식

$$\rho\lambda^{\frac{1}{4}} : \rho\lambda^{\frac{1}{2}} = \rho\sqrt{1-k^2} : x \qquad \cdots\cdots (2)$$

가 성립하도록 x를 잡았다. 그러니 $x = \rho\lambda^{\frac{1}{4}}\sqrt{1-k^2}$ 이고, 두 선분

$$\rho\lambda^{\frac{1}{4}},\ \rho\lambda^{\frac{1}{4}}\sqrt{1-k^2}$$

이 요구 조건을 만족한다.

(가) $\rho\lambda^{\frac{1}{4}}$ 은 중용이다.

(나) 성질 (1)과 (2)로부터, 다음 비례식

$$\rho : \rho\sqrt{1-k^2} = \rho\lambda^{\frac{1}{4}} : x \qquad \cdots\cdots (3)$$

이 성립하게 된다. 그러므로 $x \wedge \rho\lambda^{\frac{1}{4}}$ 이다. 즉 x는 중용이며, $\wedge\rho\lambda^{\frac{1}{4}}$ 이다.

(다) $x \cdot \rho\lambda^{\frac{1}{4}} = \rho\sqrt{\lambda} \cdot \rho\sqrt{1-k^2}$

그런데 10권 법칙 21에 따라서, 후자는 중용이다. 그러므로 $x \cdot \rho\lambda^{\frac{1}{4}}$ 은 중용이다. 즉

$$\rho\lambda^{\frac{1}{4}} \cdot \rho\lambda^{\frac{1}{4}}\sqrt{1-k^2}$$

은 중용이다.

(라) ρ, $\rho\sqrt{1-k^2}$ 은 나머지 요구 조건들을 만족한다. 그러므로 10권 법칙 14에 따라서, $\rho\lambda^{\frac{1}{4}}$, $\rho\lambda^{\frac{1}{4}}\sqrt{1-k^2}$ 은 나머지 요구 조건들을 만족한다.

(비례식 (3)을 증명할 때, 유클리드는 우리처럼 대수 기호를 사용할 수가 없었다. 그래서 그는 $ab : bc = a : c$ 그리고 $d^2 : de = d : e$ 와 같은 법칙들을 써서,

$$ab = d^2, \ d : b = c : e$$

로부터 $a : c = d : e$를 이끌어 냈다.)

맨 처음에 잡은 선분들의 형태가

(1) a, $\sqrt{\mathrm{B}}$, $\sqrt{a^2-c^2}$
(2) $\sqrt{\mathrm{A}}$, $\sqrt{\mathrm{B}}$, $\sqrt{\mathrm{A}-k^2\mathrm{A}}$
(3) $\sqrt{\mathrm{A}}$, b, $\sqrt{\mathrm{A}-k^2\mathrm{A}}$

임에 따라서, 두 선분 $\rho\lambda^{\frac{1}{4}}$, $\rho\lambda^{\frac{1}{4}}\sqrt{1-k^2}$ 은 다음과 같은 형태가 된다.

(1) $\sqrt{a\sqrt{\mathrm{B}}}$, $\dfrac{\sqrt{\mathrm{B}(a^2-c^2)}}{\sqrt{a\sqrt{\mathrm{B}}}}$
(2) $\sqrt[4]{\mathrm{AB}}$, $\dfrac{\sqrt{\mathrm{B}(\mathrm{A}-k^2\mathrm{A})}}{\sqrt[4]{\mathrm{AB}}}$
(3) $\sqrt{b\sqrt{\mathrm{A}}}$, $\dfrac{b\sqrt{\mathrm{A}-k^2\mathrm{A}}}{\sqrt{b\sqrt{\mathrm{A}}}}$

II. 다른 조건들은 다 그대로이고, 긴 선분으로 만든 정사각형의 넓이가 짧은 선분으로 만든 정사각형의 넓이에 비해서 긴 선분과 '길이를 같이 잴 수 없는' 선분으로 만든 정사각형의 넓이만큼 더 넓도록 하려면, 우리는 다음 세 선분

$$\rho,\ \rho\sqrt{\lambda},\ \frac{\rho}{\sqrt{1+k^2}}$$

로부터 출발하며, 끝에 가서 얻게 되는 두 중용 선분은

$$\rho\lambda^{\frac{1}{4}},\ \frac{\rho\lambda^{\frac{1}{4}}}{\sqrt{1+k^2}}$$

이 된다.

이 경우 가능한 형태들은 더욱 다양하게 되는데, 원래 선분들이 다음과 같이 더욱 다양한 형태들이 될 수 있기 때문이다.

(1) a, $\sqrt{B}$, $\sqrt{a^2 - C}$

(2) $\sqrt{A}$, b, $\sqrt{A - c^2}$

(3) $\sqrt{A}$, b, $\sqrt{A - C}$

(4) $\sqrt{A}$, $\sqrt{B}$, $\sqrt{A - c^2}$

(5) $\sqrt{A}$, $\sqrt{B}$, $\sqrt{A - C}$

이에 대응하는 중용 선분들의 형태는 다음과 같다.

(1) $\sqrt{a\sqrt{B}}$, $\dfrac{\sqrt{B(a^2 - C)}}{\sqrt{a\sqrt{B}}}$

(2) $\sqrt{b\sqrt{A}}$, $\dfrac{b\sqrt{A - c^2}}{\sqrt{b\sqrt{A}}}$

(3) $\sqrt{b\sqrt{A}}$, $\dfrac{b\sqrt{A - C}}{\sqrt{b\sqrt{A}}}$

(4) $\sqrt[4]{AB}$, $\dfrac{\sqrt{B(A - c^2)}}{\sqrt[4]{AB}}$

(5) $\sqrt[4]{AB}$, $\dfrac{\sqrt{B(A - C)}}{\sqrt[4]{AB}}$

보조 법칙

직각삼각형 ABC가 있는데, 각 A가 직각이라고 하자. A에서 수직선 AD를 그어라. 그러면 CB, BD로 만든 직사각형은 BA로 만든

정사각형과 넓이가 같고, BC, CD로 만든 직사각형은 CA로 만든 정사각형과 넓이가 같고, BD, DC로 만든 직사각형은 AD로 만든 정사각형과 넓이가 같고, BC, AD로 만든 직사각형은 BA, AC로 만든 직사각형과 넓이가 같다.

증명 우선 CB, BD로 만든 직사각형은 BA로 만든 정사각형과 넓이가 같다. 왜냐 하면, 직각삼각형의 직각인 각에서 밑변으로 수직선 AD를 그었으니, 두 삼각형 DBA, DAC는 삼각형 ABC와 닮은꼴이며, 이들 둘도 서로 닮은꼴이다. [6권 법칙 8]

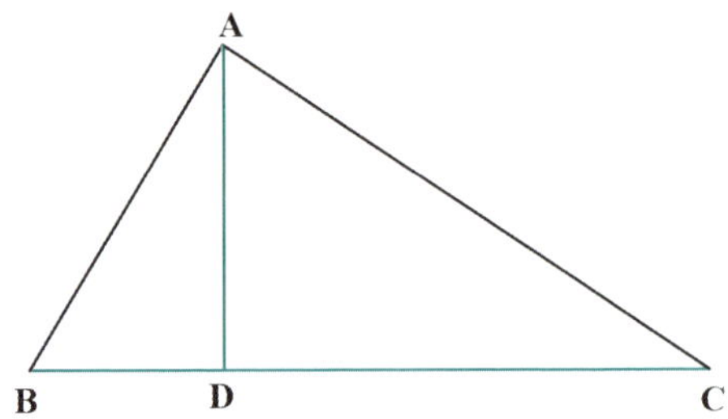

삼각형 ABC와 삼각형 DBA가 닮은꼴이니, CB와 BA의 비율은 BA와 BD의 비율과 같다. [6권 법칙 4] 그러므로 CB, BD로 만든 직사각형은 BA로 만든 정사각형과 넓이가 같다. [6권 법칙 17]

마찬가지 이유로 BC, CD로 만든 직사각형은 AC로 만든 정사각형과 넓이가 같다. 직각삼각형의 직각인 각에서 밑변으로 수직선을 그으면, 그 수직선은 밑변 두 토막들의 비례 중항이 된다. [6권 법칙 8, 딸린 법칙] 그러므로 BD와 AD의 비율은 AD와 DC의 비율과 같다. 그러므로 BD, DC로 만든 직사각형은 AD로 만든 정사각형과 넓이가 같다. [6권 법칙 17]

이제 BC, AD로 만든 직사각형은 BA, AC로 만든 직사각형과 넓이가 같음을 보이겠다. 앞에서 말했듯이 ABC와 DBA가 닮은꼴이니, BC와 CA의 비율은 BA와 AD의 비율과 같다. [6권 법칙 4]

그러므로 BC, AD로 만든 직사각형과 BA, AC로 만든 직사각형은 넓이가 같다. [6권 법칙 16]

그러므로 이 법칙이 성립한다. □

법칙 33

두 선분을 찾되, 그들로 만든 정사각형들의 넓이를 같이 잴 수 없고, 정사각형들의 넓이를 더하면 바르게 되며, 그들로 만든 직사각형의 넓이는 중용이 되도록 하시오.

증명 우선 길이가 바른 두 선분 AB, BC를 잡되, 이들로 만든 정사각형들의 넓이만을 같이 잴 수 있고, 긴 선분 AB로 만든 정사각형의 넓이는 짧은 선분 BC로 만든 정사각형의 넓이에 비해서 AB와 길이를 같이 잴 수 없는 선분으로 만든 정사각형의 넓이만큼 더 넓도록 해라. [10권 법칙 30]

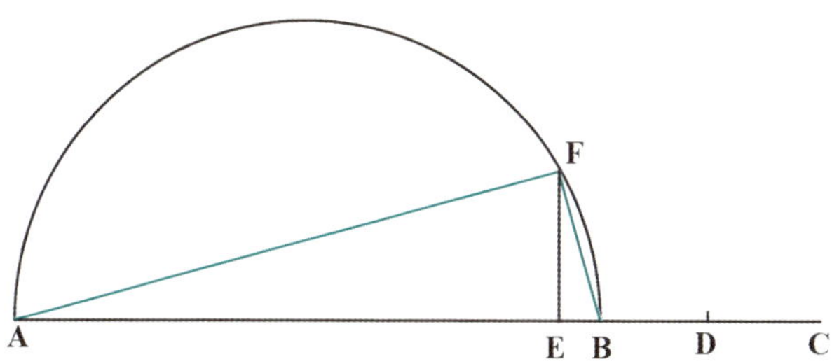

BC의 중점 D를 잡아라. 두 선분 AE, EB로 만든 직사각형의 넓이가 BD 또는 DC로 만든 정사각형의 넓이와 같도록 하고, 또한 이 직사각형을 선분 AB에 붙이면 정사각형을 뺀 모양이 되도록 E를 잡아라. [6권 법칙 28] AB에다 반원 AFB를 그려라. AB에 수직이 되도록 EF를 그어라. 선분 AF, FB를 그어라.

AB, BC의 길이가 다르고, AB로 만든 정사각형의 넓이는 BC로 만든 정사각형의 넓이에 비해서 AB와 길이를 같이 잴 수 없는 선분으로 만든 정사각형의 넓이만큼 더 넓으며, AB에다 BC로 만든 정사각형 넓이의 사분의 일인 직사각형을 붙였다. 즉 BC의 절반으로 만든 정사각형과 넓이가 같으며, 정사각형을 뺀 모양을 하고 있는 직사각형을 붙였다. 이 직사각형은 AE, EB로 만든 직사각형이다. 그러므로 AE와 EB의 길이는 같이 잴 수 없다. [10권 법칙 18]

그리고 AE와 EB의 비율은 BA, AE로 만든 직사각형과 AB, BE로 만든 직사각형의 넓이 비율과 같고, BA, AE로 만든 직사각형은 AF로 만든 정사각형과 넓이가 같고, AB, BE로 만든 직사각형은 BF로 만든 정사각형과 넓이가 같으니, AF로 만든 정사각형은 FB로 만든 정사각형과 넓이를 같이 잴 수 없다. 그러므로 AF, FB로 만든 정사각형들의 넓이는 같이 잴 수 없다.

AB의 길이는 바르니, AB로 만든 정사각형의 넓이도 바르다. 따라서 AF, FB로 만든 정사각형들의 넓이를 더한 것은 바르다. [1권 법칙 47]

AE, EB로 만든 직사각형은 EF로 만든 정사각형과 넓이가 같고, 가정에 따라서 AE, EB로 만든 직사각형은 또한 BD로 만든 정사각형과 넓이가 같으니, FE와 BD는 길이가 같다. 그러므로 BC는 FE의 두 배이며, 따라서 AB, BC로 만든 직사각형은 AB, EF로 만든 직사각형과 넓이를 같이 잴 수 있다.

그런데 AB, BC로 만든 직사각형의 넓이는 중용이다. [10권 법칙 21] 그러므로 AB, EF로 만든 직사각형의 넓이도 중용이다. [10

권 법칙 23, 딸린 법칙] 그런데 AB, EF로 만든 직사각형의 넓이는 AF, FB로 만든 직사각형의 넓이와 같다. [보조 법칙] 그러므로 AF, FB로 만든 직사각형의 넓이도 중용이다.

그런데 이 선분들로 만든 정사각형들의 넓이를 더한 것은 바르게 됨을 보였다. 그러므로 두 선분 AF, FB를 찾았는데, 이들로 만든 정사각형들의 넓이는 같이 잴 수 없으며, 그 정사각형들을 더한 넓이는 바르게 되며, 이들이 만드는 직사각형의 넓이는 중용이다.

그러므로 이 법칙이 성립한다. □

해설 유클리드는 10권 법칙 30에서 찾은 두 선분 ρ, $\dfrac{\rho}{\sqrt{1+k^2}}$ 를 잡았다. 그러고 나서, 유클리드는 '기하학적으로' 연립방정식

$$x+y=\rho,\ xy=\frac{\rho^2}{4(1+k^2)} \qquad \cdots\cdots (1)$$

을 풀었다. 그렇게 해서 x, y의 값을 구한 다음에,

$$u^2=\rho x,\ v^2=\rho y \qquad \cdots\cdots (2)$$

를 만족하는 u, v를 구했다. u, v가 바로 요구 조건을 만족하는 선분들이다. 우리는 대수학적으로 연립방정식을 풀어 보자. $x>y$라 하면, 근은

$$x=\frac{\rho}{2}\left(1+\frac{k}{\sqrt{1+k^2}}\right),\ y=\frac{\rho}{2}\left(1-\frac{k}{\sqrt{1+k^2}}\right)$$

가 된다. 그러므로

$$u=\frac{\rho}{\sqrt{2}}\sqrt{1+\frac{k}{\sqrt{1+k^2}}},\ v=\frac{\rho}{\sqrt{2}}\sqrt{1-\frac{k}{\sqrt{1+k^2}}} \qquad \cdots\cdots (3)$$

유클리드는 u, v가 요구 조건을 만족함을 다음과 같이 증명하고 있다.

(가) 연립방정식 (1)의 미지수들은 10권 법칙 18의 요구 조건을 만족한다. 그러므로

$$x \cup y$$

그런데 $\qquad x : y = u^2 : v^2$

그러므로 $\qquad u^2 \cup v^2$

즉 u, v로 만든 정사각형들의 넓이를 같이 잴 수 없다.

(나) $u^2 + v^2 = \rho^2$이며, 이것은 바르다.

(다) 식 (1)에 따라서

$$\sqrt{xy} = \frac{\rho}{2\sqrt{1+k^2}}$$

그리고 식 (2)에 따라서

$$uv = \rho\sqrt{xy} = \frac{\rho^2}{2\sqrt{1+k^2}}$$

그런데 $\dfrac{\rho^2}{\sqrt{1+k^2}}$은 중용인 넓이이다. 그러므로 uv는 중용이다.

원래 잡은 선분 ρ, $\dfrac{\rho}{\sqrt{1+k^2}}$는 다음 세 가지 형태가 될 수 있다.

(1) $a, \sqrt{a^2 - \mathrm{B}}$

(2) $\sqrt{\mathrm{A}}, \sqrt{\mathrm{A} - \mathrm{B}}$

(3) $\sqrt{\mathrm{A}}, \sqrt{\mathrm{A} - b^2}$

그에 따라서 u, v는 다음 형태가 된다.

(1) $\sqrt{\dfrac{a^2+a\sqrt{B}}{2}}$, $\sqrt{\dfrac{a^2-a\sqrt{B}}{2}}$

(2) $\sqrt{\dfrac{A+\sqrt{AB}}{2}}$, $\sqrt{\dfrac{A-\sqrt{AB}}{2}}$

(3) $\sqrt{\dfrac{A+b\sqrt{A}}{2}}$, $\sqrt{\dfrac{A-b\sqrt{A}}{2}}$

법칙 34

두 선분을 찾되, 그들로 만든 정사각형들의 넓이를 같이 잴 수 없고, 정사각형들의 넓이를 더하면 중용이 되며, 그들로 만든 직사각형의 넓이는 바르게 되도록 하시오.

증명 우선 길이가 중용인 두 선분 AB, BC를 잡되, 이들로 만든 정사각형들의 넓이만을 같이 잴 수 있고, 긴 선분 AB로 만든 정사각형의 넓이는 짧은 선분 BC로 만든 정사각형의 넓이에 비해서 AB와 길이를 같이 잴 수 없는 선분으로 만든 정사각형의 넓이만큼 더 넓도록 해라. [10권 법칙 31]

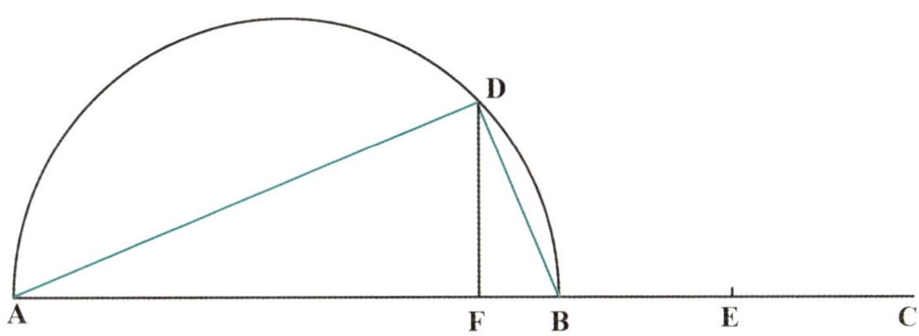

AB에다 반원 ADB를 그려라. BC의 중점 E를 잡아라. AF, FB로 만든 직사각형의 넓이가 BE로 만든 정사각형의 넓이와 같도록

하고, 또한 이 직사각형을 선분 AB에 붙이면 정사각형을 뺀 모양이 되도록 F를 잡아라. [6권 법칙 28] 그러면 AF와 FB의 길이는 같이 잴 수 없다. [10권 법칙 18] F에서 AB에 수직이 되도록 FD를 그어라. 선분 AD, DB를 그어라. AF와 FB의 길이를 같이 잴 수 없으니, AB, AF로 만든 직사각형과 AB, BF로 만든 직사각형의 넓이도 같이 잴 수 없다. [10권 법칙 11] 그런데 AB, AF로 만든 직사각형은 AD로 만든 정사각형과 넓이가 같고, AB, BF로 만든 직사각형은 DB로 만든 정사각형과 넓이가 같으니, AD로 만든 정사각형과 DB로 만든 정사각형은 넓이가 같이 잴 수 없다.

AB로 만든 정사각형의 넓이는 중용이니, AD, DB로 만든 정사각형들의 넓이를 더한 것도 중용이다. [3권 법칙 31, 1권 법칙 47]

그리고 BC는 DF의 두 배이니, AB, BC로 만든 직사각형은 AB, FD로 만든 직사각형에 비해 넓이가 두 배이다. 그런데 AB, BC로 만든 직사각형의 넓이는 바르다. 그러므로 AB, FD로 만든 직사각형의 넓이도 바르다. [10권 법칙 6] 그런데 AB, FD로 만든 직사각형과 AD, DB로 만든 직사각형은 넓이가 같다. [보조 법칙] 그러므로 AD, DB로 만든 직사각형의 넓이는 바르다. 그러므로 두 선분 AD, DB를 찾았는데, 이들로 만든 정사각형들의 넓이는 같이 잴 수 없으며, 그 정사각형들을 더한 넓이는 중용이며, 그들이 만드는 직사각형의 넓이는 바르다.

그러므로 이 법칙이 성립한다. □

해설 이 경우, 우리는 10권 법칙 31의 두 번째 부분에 나오는 중용인 두 선분

$$\frac{\rho}{(1+k^2)^{\frac{1}{4}}}, \quad \frac{\rho}{(1+k^2)^{\frac{3}{4}}}$$

를 잡는다. 그러고 나서, 연립방정식

$$x+y=\frac{\rho}{(1+k^2)^{\frac{1}{4}}}, \quad xy=\frac{\rho^2}{4(1+k^2)^{\frac{3}{2}}} \quad \cdots\cdots (1)$$

을 푼다. 그렇게 해서 x, y의 값을 구한 다음에,

$$u^2=\frac{\rho}{(1+k^2)^{\frac{1}{4}}}x, \quad v^2=\frac{\rho}{(1+k^2)^{\frac{1}{4}}}y \quad \cdots\cdots (2)$$

를 만족하는 u, v를 구한다. u, v가 바로 요구 조건을 만족하는 선분들이다.

유클리드의 증명 방법은 다음과 같다.

(가) 식 (1)과 10권 법칙 18로부터,

$$x \cup y$$

그러므로 $$u^2 \cup v^2$$

즉 u, v로 만든 정사각형들의 넓이는 같이 잴 수 없다.

(나) $u^2+v^2=\dfrac{\rho^2}{\sqrt{1+k^2}}$ 이며, 이것은 중용인 넓이이다.

(다) $uv=\dfrac{\rho}{(1+k^2)^{\frac{1}{4}}}\sqrt{xy}=\dfrac{1}{2}\cdot\dfrac{\rho^2}{1+k^2}$ 이며, 이것은 바른 넓이이다. 그러므로 uv는 바른 넓이이다.

u, v가 어떤 형태인지 밝히기 위해서, 연립방정식 (1)을 풀어보자. $x>y$라 하면,

$$x=\frac{\rho}{2(1+k^2)^{\frac{3}{4}}}(\sqrt{1+k^2}+k),\ y=\frac{\rho}{2(1+k^2)^{\frac{3}{4}}}(\sqrt{1+k^2}-k)$$

그러므로

$$u=\frac{\rho}{\sqrt{2(1+k^2)}}\sqrt{\sqrt{1+k^2}+k},\ v=\frac{\rho}{\sqrt{2(1+k^2)}}\sqrt{\sqrt{1+k^2}-k}$$

원래 선분 $\frac{\rho}{(1+k^2)^{\frac{1}{4}}}$, $\frac{\rho}{(1+k^2)^{\frac{3}{4}}}$ 가 가질 수 있는 여러 가지 형태를 고려해 보면(10권 법칙 31 해설 참조), u, v는 다음과 같은 형태가 될 수 있다.

(1) $\sqrt{\frac{(a+\sqrt{B})\sqrt{a^2-B}}{2}}$, $\sqrt{\frac{(a-\sqrt{B})\sqrt{a^2-B}}{2}}$

(2) $\sqrt{\frac{(\sqrt{A}+\sqrt{B})\sqrt{A-B}}{2}}$, $\sqrt{\frac{(\sqrt{A}-\sqrt{B})\sqrt{A-B}}{2}}$

(3) $\sqrt{\frac{(\sqrt{A}+b)\sqrt{A-b^2}}{2}}$, $\sqrt{\frac{(\sqrt{A}-b)\sqrt{A-b^2}}{2}}$

법칙 35

두 선분을 찾되, 그들로 만든 정사각형들의 넓이를 같이 잴 수 없고, 정사각형들의 넓이를 더하면 중용이 되며, 그들로 만든 직사각형의 넓이는 중용이 되며, 직사각형의 넓이는 정사각형들을 더한 넓이와 같이 잴 수 없도록 하시오.

증명 우선 길이가 중용인 두 선분 AB, BC를 잡되, 이들로 만든 정사각형들의 넓이만을 같이 잴 수 있고, 이들이 만드는 직사각형의 넓이는 중용이며, AB로 만든 정사각형의 넓이는 BC로 만든 정사각형의 넓이에 비해서 AB와 길이를 같이 잴 수 없는 선분으로 만든 정사각형의 넓이만큼 더 넓도록 해라. [10권 법칙 32]

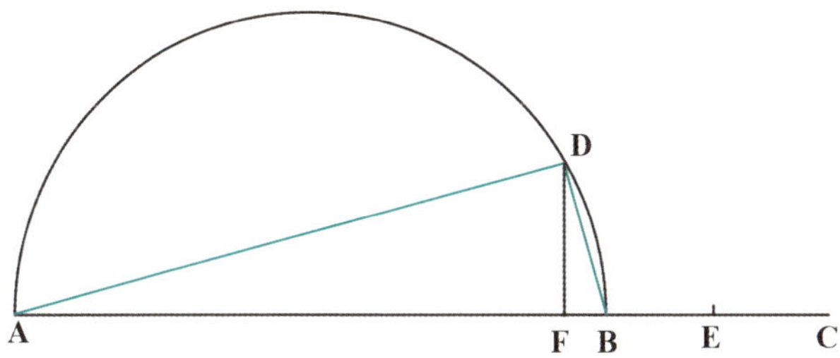

AB에다 반원 ADB를 그려라. 그리고 앞에서와 마찬가지로 도형들을 그려라. 그러면 AF와 FB의 길이는 같이 잴 수 없으니 [10권 법칙 18], AD와 DB로 정사각형들을 만들면 그 넓이를 같이 잴 수 없다. [10권 법칙 11] 그리고 AB로 만든 정사각형의 넓이가 중용이니, AD, DB로 만든 정사각형들의 넓이를 더하면 중용이 된다. [3권 법칙 31, 1권 법칙 47]

AF, FB로 만든 직사각형의 넓이는 BE 또는 DF로 만든 정사각형의 넓이와 같으니, BE와 DF는 길이가 같다. 그러므로 BC는 FD의 두 배이다. 그러므로 AB, BC로 만든 직사각형은 AB, FD로 만든 직사각형 넓이의 두 배이다.

그런데 AB, BC로 만든 직사각형의 넓이는 중용이다. 그러므로 AB, FD로 만든 직사각형의 넓이도 중용이다. [10권 법칙 32, 딸린 법칙] 그리고 이것은 AD, DB로 만든 직사각형의 넓이와 같다. [10권 법칙 32 뒤의 보조 법칙] 그러므로 AD, DB로 만든 직사각형의 넓이는 중용이다. AB와 BC의 길이를 같이 잴 수 없고, BC와 BE의 길이는 같이 잴 수 있으니, AB와 BE의 길이는 같이 잴 수 없다. [10권 법칙 13] 따라서 AB로 만든 정사각형과 AB, BE로 만든 직사각형의 넓이는 같이 잴 수 없다. [10권 법칙 11]

그런데 AD, DB로 만든 정사각형들을 더하면 AB로 만든 정사각형과 넓이가 같다. [1권 법칙 47] 그리고 AB, FD로 만든 직사각형, 바꿔 말하면 AD, DB로 만든 직사각형은 AB, BE로 만든 직사각형과 넓이가 같다. 그러므로 AD, DB로 만든 정사각형들을 더한 것은 AD, DB로 만든 직사각형과 넓이를 같이 잴 수 없다.

그러므로 두 선분 AD, DB를 찾았는데, 이들로 만든 정사각형들의 넓이는 같이 잴 수 없으며, 정사각형들의 넓이를 더하면 중용이 되며, 이들로 만든 직사각형의 넓이는 중용이 되며, 직사각형의 넓이는 정사각형들을 더한 넓이와 같이 잴 수 없다.

그러므로 이 법칙이 성립한다. □

해설 10권 법칙 32의 두 번째 부분에 나오는 중용 선분들을 잡아라. 즉

$$\rho\lambda^{\frac{1}{4}},\ \rho\lambda^{\frac{1}{4}}/\sqrt{1+k^2}$$

그리고 다음 연립방정식을 풀어라.

$$x+y=\rho\lambda^{\frac{1}{4}},\ xy=\frac{\rho^2\sqrt{\lambda}}{4(1+k^2)} \quad \cdots\cdots (1)$$

그리고 나서,

$$u^2=\rho\lambda^{\frac{1}{4}}x,\ v^2=\rho\lambda^{\frac{1}{4}}y \quad \cdots\cdots (2)$$

라 놓아라. 여기서 x, y는 연립방정식을 풀어서 얻은 값이다.

그러면 u, v가 바로 요구 조건을 만족하는 선분들이다.

유클리드는 다음과 같이 증명하고 있다.

(가) 식 (1)과 10권 법칙 18로부터,

$$x \cup y$$

그러므로 $$u^2 \cup v^2$$

그러므로 $$u \vee v$$

(나) $u^2 + v^2 = \rho^2 \sqrt{\lambda}$ 이고, 이것은 중용인 넓이이다. …… (3)

(다) $uv = \rho \lambda^{\frac{1}{4}} \sqrt{xy} = \frac{1}{2} \cdot \frac{\rho^2 \sqrt{\lambda}}{\sqrt{1+k^2}}$ 이고, 이것은 중용인 넓이이다. … (4)

그러므로 uv는 중용이다.

(라) $$\rho \lambda^{\frac{1}{4}} \cup \frac{1}{2} \cdot \frac{\rho \lambda^{\frac{1}{4}}}{\sqrt{1+k^2}}$$

그러므로 $$\rho^2 \sqrt{\lambda} \cup \frac{1}{2} \cdot \frac{\rho^2 \sqrt{\lambda}}{\sqrt{1+k^2}}$$

그러므로 (3)과 (4)에 따라서

$$u^2 + v^2 \cup uv$$

실제 값을 찾으면 다음과 같이 된다. 연립방정식 (1)을 풀면

$$x = \frac{\rho \lambda^{\frac{1}{4}}}{2} \left(1 + \frac{k}{\sqrt{1+k^2}}\right), \quad y = \frac{\rho \lambda^{\frac{1}{4}}}{2} \left(1 - \frac{k}{\sqrt{1+k^2}}\right)$$

그러므로

$$u = \frac{\rho \lambda^{\frac{1}{4}}}{\sqrt{2}} \sqrt{1 + \frac{k}{\sqrt{1+k^2}}}, \quad v = \frac{\rho \lambda^{\frac{1}{4}}}{\sqrt{2}} \sqrt{1 - \frac{k}{\sqrt{1+k^2}}}$$

ρ의 형태가 a이냐 또는 $\sqrt{A}$ 이냐에 따라서, u, v의 형태는 다양하게 된다. 10권 법칙 30, 그리고 10권 법칙 32의 두 번째 부분의 해설처럼 변환을 시키면, u, v의 형태는 예를 들어 다음과 같이 된다.

(1) $\sqrt{\dfrac{(a+\sqrt{C})\sqrt{B}}{2}}$, $\sqrt{\dfrac{(a-\sqrt{C})\sqrt{B}}{2}}$

(2) $\sqrt{\dfrac{(\sqrt{A}+\sqrt{C})\sqrt{B}}{2}}$, $\sqrt{\dfrac{(\sqrt{A}-\sqrt{C})\sqrt{B}}{2}}$

(3) $\sqrt{\dfrac{(\sqrt{A}+c)\sqrt{B}}{2}}$, $\sqrt{\dfrac{(\sqrt{A}-c)\sqrt{B}}{2}}$

그리고 (2), (3)에서 $\sqrt{B}$ 대신에 b를 넣어도 된다.

법칙 36

길이가 바른 두 선분이 그들로 만든 정사각형들의 넓이만을 같이 잴 수 있으면, 그들을 더하면 전체 길이가 바르지 않게 된다. 이것을 '이항' 이라고 부르자.

증명 길이가 바른 두 선분 AB, BC가 있는데, 이들로 만든 정사각형들의 넓이만을 같이 잴 수 있다고 하자. 이들을 더해라. 그러면 AC 전체의 길이는 바르지 않음을 보이겠다.

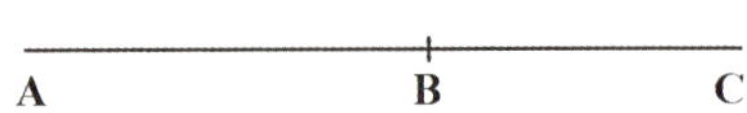

AB, BC는 이들로 만든 정사각형들의 넓이만을 같이 잴 수 있다고 했으니, 이들은 길이를 같이 잴 수 없다. 그리고 AB와 BC의 비율은 AB, BC로 만든 직사각형과 BC로 만든 정사각형의 넓이

비율과 같으니, AB, BC로 만든 직사각형과 BC로 만든 정사각형은 넓이를 같이 잴 수 없다. [10권 법칙 11]

그런데 AB, BC로 만든 직사각형을 두 배 한 것은 AB, BC로 만든 직사각형과 넓이를 같이 잴 수 있으며 [10권 법칙 6], AB, BC로 만든 정사각형들을 더한 것은 BC로 만든 정사각형과 넓이를 같이 잴 수 있다. 왜냐 하면, AB, BC는 정사각형들의 넓이만을 같이 잴 수 있는 바른 길이의 선분들이기 때문이다. [10권 법칙 15] 그러므로 AB, BC로 만든 직사각형의 두 배는 AB, BC로 만든 정사각형들을 더한 것과 넓이를 같이 잴 수 없다. [10권 법칙 13]

비례식의 덧셈에 따라서 AB, BC로 만든 직사각형의 두 배에다 AB, BC로 만든 정사각형들을 더한 것은, 즉 AC로 만든 정사각형은 [2권 법칙 4], AB, BC로 만든 정사각형들을 더한 것과 넓이를 같이 잴 수 없다. [10권 법칙 16] 그런데 AB, BC로 만든 정사각형들을 더한 것은 넓이가 바르다.

그러므로 AC로 만든 정사각형의 넓이는 바르지 않다. 그러므로 AC의 길이는 바르지 않다. [10권 정의 4] 이 길이를 '이항'이라고 부르자.

그러므로 이 법칙이 성립한다. □

해설 두 선분을 더해서 길이가 바르지 않은 선분을 만드는 것에 관한 법칙들이, 이 법칙부터 시작해서 여섯 가지가 연달아 나온다. 여기에 나오는 길이가 바르지 않은 선분들은 두 선분을 더해서 만드는데, 이 법칙들에 대응하는 법칙들로서, 법칙 73 - 78에 나오는 선분들은 뺄셈을 해서 얻는다. 법칙 36 - 41에 나오는 여섯 개의 길이가 바르지 않은 선분들과, 정의 II에서 언급한 다음에 법칙 48 -

53에서 나오는 선분들(첫 번째, 두 번째, 세 번째, 네 번째, 다섯 번째, 여섯 번째 이항 선분들) 사이의 관계는 법칙 54 - 59에서 보게 될 것이다.

그렇지만 여기서 미리 귀띔하겠는데, 법칙 48 - 53에 나오는 바르지 않은 수들의 제곱근을 잡으면, 법칙 36 - 41에 나오는 바르지 않은 선분들이 된다. (이 과정을 엄밀하게 말하면, 법칙 48 - 53에 나오는 바르지 않은 수들을 한 변으로 하고, 바른 선분을 한 변으로 해서 직사각형을 만들고, 그 직사각형과 넓이가 같은 정사각형의 변을 구하는 것이다.) 그러니 사실은 법칙 36 - 41에서 다루는 수들이 무리수의 영토로 더욱 깊숙이 들어간 것이다.

이 법칙들의 증명 방법을 제시하면서, 편의상 두 부분을 x, y로 나타내겠다. 그리고 매 경우마다 x, y가 어떤 형태인지를 먼저 설명하겠다. 그리고 항상 x가 더 길다고 하자.

지금 이 법칙의 경우 x, y는 ρ, $\sqrt{k}\,\rho$ 형태이다. 그리고 $x+y$가 바르지 않음을 보여야 한다.

우선 $x \wedge y$이니, $x \cup y$이다.

이제	$x : y = x^2 : xy$
그러므로	$x^2 \cup xy$
그런데	$x^2 \cap x^2+y^2,\quad xy \cap 2xy$
그러므로	$x^2+y^2 \cup 2xy$
따라서	$x^2+y^2+2xy \cup x^2+y^2$

그런데 x^2+y^2은 바르다. 그러므로 $(x+y)^2$은 바르지 않다. 즉 $x+y$는 바르지 않다.

길이가 바르지 않은 이 선분, 즉

$$\rho + \sqrt{k}\,\rho$$

를 '이항 선분'이라고 부르자.

10권 법칙 73에 나오는 '뺀 선분' $\rho - \sqrt{k}\,\rho$가 이것에 대응하는데, 이들은 다음 방정식의 양수근이다.

$$x^4 - 2(1+k)\rho^2 x^2 + (1-k)^2\rho^4 = 0$$

법칙 37

길이가 중용인 두 선분이 그들로 만든 정사각형들의 넓이만을 같이 잴 수 있고, 그들이 만드는 직사각형의 넓이는 바르다고 하자. 그들을 더하면 전체 길이가 바르지 않게 된다. 이것을 '첫 번째 이중용' 선분이라고 부르자.

증명 길이가 중용인 두 선분 AB, BC가 있는데, 이들로 만든 정사각형들의 넓이만을 같이 잴 수 있고, 이들이 만드는 직사각형의 넓이는 바르다고 하자. 이들을 더해라. 그러면 AC 전체의 길이는 바르지 않음을 보이겠다.

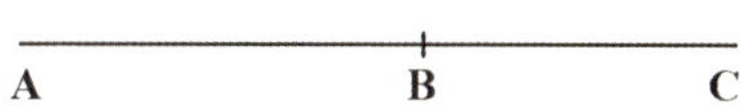

AB와 BC는 길이를 같이 잴 수 없으니, AB, BC로 만든 정사각형들을 더한 것도 AB, BC로 만든 직사각형의 두 배와 넓이를 같이 잴 수 없다. [10권 법칙 36] 그리고 비례식의 덧셈에 따라서 AB, BC로 만든 정사각형들에다 AB, BC로 만든 직사각형의 두 배를 더한 것은, 즉 AC로 만든 정사각형은 [2권 법칙 4], AB, BC

로 만든 직사각형과 넓이를 같이 잴 수 없다. [10권 법칙 16]

그런데 가정에 따라서 AB, BC로 만든 직사각형의 넓이는 바르다. 그러므로 AC로 만든 정사각형의 넓이는 바르지 않다. 그러므로 AC의 길이는 바르지 않다. [10권 정의 4]

이것을 '첫 번째 이중용' 선분이라고 부르자.

그러므로 이 법칙이 성립한다. □

해설 여기서 x, y는 $k^{\frac{1}{4}}\rho$, $k^{\frac{3}{4}}\rho$ 형태이다. 10권 법칙 27에서 찾은 것과 같다. 앞의 법칙을 증명할 때와 마찬가지로,

$$x^2 + y^2 \cup 2xy$$

임을 보일 수 있다. 그러므로

$$(x+y)^2 \cup 2xy$$

그런데 xy는 바르다. 그러므로 $(x+y)^2$은 바르지 않다. 즉 $x+y$는 바르지 않다. 바르지 않은 선분

$$k^{\frac{1}{4}}\rho + k^{\frac{3}{4}}\rho$$

를 '첫 번째 이중용' 선분이라고 부른다.

10권 법칙 74에 나오는 '중용을 뺀 첫 번째 선분' $k^{\frac{1}{4}}\rho - k^{\frac{3}{4}}\rho$가 이것에 대응하는데, 이들은 다음 방정식의 양수근이다.

$$x^4 - 2\sqrt{k}\,(1+k)\rho^2 x^2 + k(1-k)^2\rho^4 = 0$$

법칙 38

길이가 중용인 두 선분이 그들로 만든 정사각형들의 넓이만을 같이 잴 수 있고, 그들이 만드는 직사각형의 넓이는 중용이라고 하자. 그들을 더하면 전체 길이가 바르지 않게 된다. 이것을 '두 번째 이중용' 선분이라고 부르자.

증명 길이가 중용인 두 선분 AB, BC가 있는데, 이들로 만든 정사각형들의 넓이만을 같이 잴 수 있고, 이들이 만드는 직사각형의 넓이는 중용이라고 하자. 이들을 더해라. 그러면 AC 전체의 길이는 바르지 않음을 보이겠다.

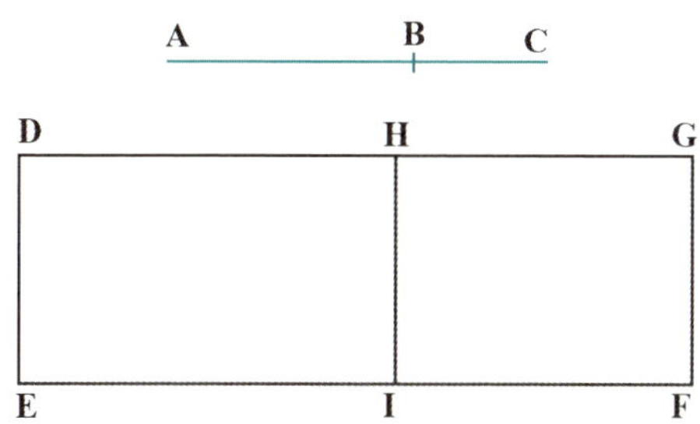

길이가 바른 선분 DE를 잡고, AC로 만든 정사각형과 넓이가 같도록 직사각형 DEFG를 만들어서 DE에다 붙여라. 그러면 폭 DG가 생긴다. [1권 법칙 44]

AC로 만든 정사각형은 AB, BC로 만든 정사각형들에다 AB, BC로 만든 직사각형의 두 배를 더한 것과 같으니 [2권 법칙 4], AB, BC로 만든 정사각형들을 더한 것과 넓이가 같도록 직사각형 DEIH를 만들어서 DE에다 붙이면, 나머지 HIFG는 AB, BC로 만든 직사각형의 두 배와 넓이가 같다.

선분 AB, BC는 둘 다 중용이니, AB, BC로 만든 정사각형들의 넓이도 중용이다. 그런데 가정에 따라서 AB, BC로 만든 직사각형의 두 배도 중용이다. 그리고 DEIH는 AB, BC로 만든 정사각형들의 넓이를 더한 것과 같고, HIFG는 AB, BC로 만든 직사각형 넓이의 두 배이다. 그러므로 직사각형 DEIH, HIFG는 둘 다 넓이가 중용이다. 이들을 길이가 바른 선분 DE에다 붙였으니, 두 선분 DH, HG는 길이가 바르며 DE와 같이 잴 수 없다. [10권 법칙 22]

AB, BC는 길이를 같이 잴 수 없고, AB와 BC의 비율은 AB로 만든 정사각형과 AB, BC로 만든 직사각형의 넓이 비율과 같으니, AB로 만든 정사각형은 AB, BC로 만든 직사각형과 넓이를 같이 잴 수 없다. [10권 법칙 11]

그런데 AB, BC로 만든 정사각형들을 더한 것은 AB로 만든 정사각형과 넓이를 같이 잴 수 있고 [10권 법칙 15], AB, BC로 만든 직사각형의 두 배는 AB, BC로 만든 직사각형과 넓이를 같이 잴 수 있다. [10권 법칙 6] 그러므로 AB, BC로 만든 정사각형들을 더한 것은 AB, BC로 만든 직사각형의 두 배와 넓이를 같이 잴 수 없다. [10권 법칙 13] 그런데 DEIH는 AB, BC로 만든 정사각형들을 더한 것과 넓이가 같고, HIFG는 AB, BC로 만든 직사각형의 두 배와 넓이가 같다. 그러므로 DEIH와 HIFG는 넓이를 같이 잴 수 없다. 그러므로 DH와 HG는 길이를 같이 잴 수 없다. [6권 법칙 1, 10권 법칙 11]

따라서 DH, HG는 길이가 바르지만 이들로 만든 정사각형들의 넓이만을 같이 잴 수 있으며, 따라서 DG의 길이는 바르지 않다. [10권 법칙 36] 그런데 DE의 길이는 바르다. 길이가 바른 선분과 바르지 않은 선분이 만드는 직사각형의 넓이는 바르지 않다. [10권 법칙 20] 그러므로 DEFG의 넓이는 바르지 않다. 그러므로 이것과 넓이가 같은 정사각형의 변은 길이가 바르지 않다. [10권 정의 4] 그런데 AC가 만드는 정사각형이 DEFG와 넓이가 같다. 그러므로 AC의 길이는 바르지 않다.

이것을 '두 번째 이중용' 선분이라고 부르자.

그러므로 이 법칙이 성립한다. □

해설 유클리드가 증명해 놓은 것을 보면, 그는 AB, BC로 만든 정사각형들의 넓이가 중용이라고 말한 다음, 이것들을 더한 DEIH는 중용이라고 말했다. 그러나 그 까닭은 설명해 놓지 않았다.

중용이 되는 이유는 다음과 같다. 가정에 따라서 AB, BC로 만든 정사각형들의 넓이는 같이 잴 수 있으며, 따라서 이것들을 더한 것도 각각과 넓이를 같이 잴 수 있고 [10권 법칙 15], 따라서 중용인 넓이이다. [10권 법칙 23, 딸린 법칙]

이 법칙의 경우 x, y는 $k^{\frac{1}{4}}\rho$, $\lambda^{\frac{1}{2}}\rho/k^{\frac{1}{4}}$ 형태가 된다. (10권 법칙 28 해설 참조.) 각각의 넓이 x^2+y^2과 $2xy$를 길이가 바른 선분 σ에다 붙여라. 즉

$$x^2+y^2=\sigma u,\ 2xy=\sigma v$$

라고 하자.

가정과 10권 법칙 15, 10권 법칙 23, 딸린 법칙에 따라서 x^2+y^2은 중용인 넓이이다. 그리고 가정에 따라서 $2xy$는 중용인 넓이이다. 그러므로 σu, σv는 중용인 넓이이다.

그러므로 선분 u, v는 둘 다 바르며, $\cup\ \sigma$ 이다. …… (1)

그리고 $x \cup y$

그러므로 $x^2 \cup xy$

그런데 $x^2 \cap x^2 + y^2$, $xy \cap 2xy$

그러므로 $x^2 + y^2 \cup 2xy$

즉 $\sigma u \cup \sigma v$

그러므로 $u \cup v$ …… (2)

그러므로 (1), (2)에 따라서 u, v는 바르며, $u \wedge v$이다.

그러므로 10권 법칙 36에 따라서 $u+v$는 바르지 않다.

그러므로 $(u+v)\sigma$는 바르지 않은 넓이이다. (이것은 10권 법칙 20을 써서 모순을 이끌어 내는 방법으로 보일 수 있다.) 그러므로 $(x+y)^2$은 바르지 않다. 즉 $x+y$는 바르지 않다.

바르지 않은 선분

$$k^{\frac{1}{4}}\rho + \frac{\lambda^{\frac{1}{2}}\rho}{k^{\frac{1}{4}}}$$

를 '두 번째 이중용' 선분이라고 부른다.

10권 법칙 75에 나오는 '중용을 뺀 두 번째 선분' $k^{\frac{1}{4}}\rho - \frac{\sqrt{\lambda}}{k^{\frac{1}{4}}}\rho$ 가 이것에 대응하는데, 이들은 다음 방정식의 양수근이다.

$$x^4 - 2\frac{k+\lambda}{\sqrt{k}}\rho^2 x^2 + \frac{(k-\lambda)^2}{k}\rho^4 = 0$$

법칙 39

두 선분으로 만든 정사각형들의 넓이를 같이 잴 수 없고, 정사각형들을 더한 넓이는 바르며, 그들이 만드는 직사각형의 넓이는 중용이라고 하자. 그들을 더하면 전체 길이가 바르지 않게 된다. 이것을 '대선분'이라고 부르자.

증명 두 선분 AB, BC가 있는데, 이들로 만든 정사각형들의 넓이를 같이 잴 수 없고, 이들이 요구하는 조건을 만족한다고 하자. [10권 법칙 33] 이들을 더해라. 그러면 AC의 길이는 바르지 않음을 보이겠다.

AB, BC로 만든 직사각형의 넓이가 중용이니, AB, BC로 만든 직사각형의 두 배도 역시 중용이다. [10권 법칙 6, 23, 딸린 법칙] 그런데 AB, BC로 만든 정사각형들을 더한 것은 넓이가 바르다. 그러므로 AB, BC로 만든 직사각형의 두 배는 AB, BC로 만든 정사각형들을 더한 것과 넓이를 같이 잴 수 없다. 그러므로 AB, BC로 만든 정사각형들에다 AB, BC로 만든 직사각형의 두 배를 더한 것은, 즉 AC로 만든 정사각형은 AB, BC로 만든 정사각형들을 더한 것과 넓이를 같이 잴 수 없다. [10권 법칙 16] 그러므로 AC로 만든 정사각형의 넓이는 바르지 않다. 그러므로 AC의 길이는 바르지 않다. [10권 정의 4]

이것을 '대선분'이라고 부르자.

그러므로 이 법칙이 성립한다. □

해설 여기서 x, y는 10권 법칙 33에서 찾은 형태이다. 즉

$$\frac{\rho}{\sqrt{2}}\sqrt{1+\frac{k}{\sqrt{1+k^2}}}, \quad \frac{\rho}{\sqrt{2}}\sqrt{1-\frac{k}{\sqrt{1+k^2}}}$$

가정에 따라서, 직사각형 xy의 넓이는 중용이다. 그러므로 $2xy$

는 중용이다.

그리고 x^2+y^2은 바른 넓이이다.

그러므로 $$x^2+y^2 \cup 2xy$$

그러므로 $$(x+y)^2 \cup x^2+y^2$$

그러므로 $(x+y)^2$은 바르지 않다. 따라서 $x+y$는 바르지 않다.

바르지 않은 선분

$$\frac{\rho}{\sqrt{2}}\sqrt{1+\frac{k}{\sqrt{1+k^2}}}+\frac{\rho}{\sqrt{2}}\sqrt{1-\frac{k}{\sqrt{1+k^2}}}$$

를 '대선분'이라고 부른다.

10권 법칙 76에 나오는 '소선분'이 이것에 대응하는데, 이들은 다음 방정식의 양수근이다.

$$x^4-2\rho^2x^2+\frac{k^2}{1+k^2}\rho^4=0$$

법칙 40

두 선분으로 만든 정사각형들의 넓이를 같이 잴 수 없고, 정사각형들을 더한 넓이는 중용이며, 그들이 만드는 직사각형의 넓이는 바르다고 하자. 그들을 더하면 전체 길이가 바르지 않게 된다. 이것을 '바른 넓이와 중용인 넓이를 더한 것의 변'이라고 부르자.

증명 두 선분 AB, BC가 있는데, 이들로 만든 정사각형들의 넓이를 같이 잴 수 없고, 이들이 요구하는 조건을 만족한다고 하자. [10권 법칙 34] 이들을 더해라. 그러면 AC의 길이는 바르지 않음을 보이겠다.

AB, BC로 만든 정사각형들을 더한 넓이는 중용이며, AB, BC로 만든 직사

각형의 두 배는 넓이가 바르니, AB, BC로 만든 정사각형들을 더한 것은 AB, BC로 만든 직사각형의 두 배와 넓이를 같이 잴 수 없다. 그러므로 AC로 만든 정사각형은 AB, BC로 만든 직사각형을 두 배 한 것과 넓이를 같이 잴 수 없다. [10권 법칙 16]

그런데 AB, BC로 만든 직사각형의 두 배는 넓이가 바르다. 그러므로 AC로 만든 정사각형의 넓이는 바르지 않다. 그러므로AC의 길이는 바르지 않다. [10권 정의 4]

이것을 '바른 넓이와 중용인 넓이를 더한 것의 변'이라고 부르자.

그러므로 이 법칙이 성립한다. □

해설 여기서 x, y는 10권 법칙 34에서 찾은 것처럼 다음 형태가 된다.

$$\frac{\rho}{\sqrt{2(1+k^2)}}\sqrt{\sqrt{1+k^2}+k}\,,\quad \frac{\rho}{\sqrt{2(1+k^2)}}\sqrt{\sqrt{1+k^2}-k}$$

이 경우 x^2+y^2은 중용이며, $2xy$는 바르다. 그러므로

$$x^2+y^2 \cup 2xy$$

그러므로 $$(x+y)^2 \cup 2xy$$

그런데 $2xy$는 바르니, $(x+y)^2$은 바르지 않다. 따라서 $x+y$는 바르지 않다.

바르지 않은 선분

$$\frac{\rho}{\sqrt{2(1+k^2)}}\sqrt{\sqrt{1+k^2}+k}+\frac{\rho}{\sqrt{2(1+k^2)}}\sqrt{\sqrt{1+k^2}-k}$$

를 '바른 넓이와 중용인 넓이를 더한 것의 변'이라고 부른다.

10권 법칙 77에 나오는 바르지 않은 선분은, 더하기 기호를 빼기 기호로 바꿔 놓은 것이다. 이들은 다음 방정식의 양수근이다.

$$x^4 - \frac{2}{\sqrt{1+k^2}}\rho^2 x^2 + \frac{k^2}{(1+k^2)^2}\rho^4 = 0$$

법칙 41

두 선분으로 만든 정사각형들의 넓이를 같이 잴 수 없고, 정사각형들을 더한 넓이는 중용이며, 그들이 만드는 직사각형의 넓이도 중용인데, 직사각형의 넓이는 정사각형들을 더한 넓이와 같이 잴 수 없다고 하자. 그들을 더하면 전체 길이가 바르지 않게 된다. 이것을 '중용인 두 넓이를 더한 것의 변'이라고 부르자.

증명 두 선분 AB, BC가 있는데, 이들로 만든 정사각형들의 넓이를 같이 잴 수 없고, 이들이 요구하는 조건을 만족한다고 하자. [10권 법칙 35] 이들을 더해라. 그러면 AC의 길이는 바르지 않음을 보이겠다.

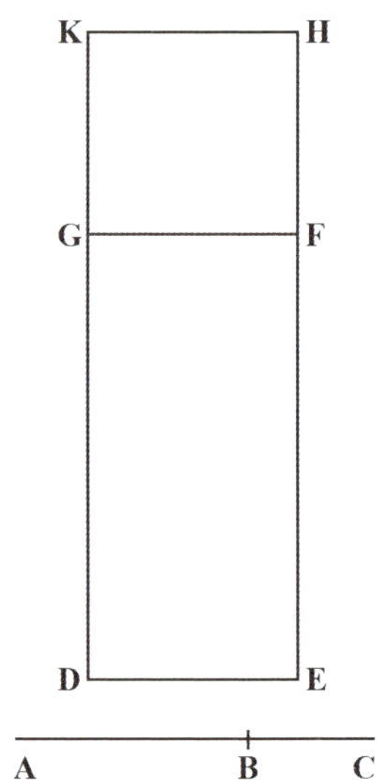

길이가 바른 선분 DE를 잡아라. AB, BC로 만든 정사각형들을 더한 것과 넓이가 같도록 직사각형 DEFG를 만들어서 선분 DE에다 붙이고, AB, BC로 만든 직사각형의 두 배와 넓이가 같도록 직사각형 GFHK를 만들어서 붙여라. 그러면 DEHK 전체는 AC로 만든 정사각형과 넓이가 같다. [2권 법칙 4]

AB, BC로 만든 정사각형들을 더한 넓이는 중용이고, 그것은

DEFG와 넓이가 같으니, DEFG의 넓이도 중용이다. 이것을 길이가 바른 선분 DE에다 붙였으니, DG의 길이는 바르며 DE와 같이 잴 수 없다. [10권 법칙 22] 마찬가지 이유로 GK의 길이도 바르며 GF, 즉 DE와 같이 잴 수 없다.

AB, BC로 만든 정사각형들을 더한 것과 AB, BC로 만든 직사각형을 두 배 한 것은 넓이를 같이 잴 수 없으니, DEFG와 GFHK는 넓이를 같이 잴 수 없다. 그러므로 DG와 GK는 길이를 같이 잴 수 없다. [6권 법칙 1, 10권 법칙 11]

그런데 이들은 길이가 바르다. 그러므로 DG, GK는 길이가 바르며, 이들로 만든 정사각형들의 넓이만을 같이 잴 수 있다. 그러므로DK의 길이는 바르지 않으며, 이항 선분이다. [10권 법칙 36]

그런데 DE의 길이는 바르다. 그러므로 DEHK의 넓이는 바르지 않으며, 이것과 넓이가 같은 정사각형을 만드는 변의 길이는 바르지 않다. [10권 정의 4] 그런데 AC로 만드는 정사각형이 DEHK와 넓이가 같다. 그러므로 AC의 길이는 바르지 않다.

이것을 '중용인 두 넓이를 더한 것의 변'이라고 부르자.

그러므로 이 법칙이 성립한다. □

해설 이 경우 x, y의 형태는 다음과 같다.

$$\frac{\rho\lambda^{\frac{1}{4}}}{\sqrt{2}}\sqrt{1+\frac{k}{\sqrt{1+k^2}}},\ \frac{\rho\lambda^{\frac{1}{4}}}{\sqrt{2}}\sqrt{1-\frac{k}{\sqrt{1+k^2}}}$$

가정에 따라서 x^2+y^2과 $2xy$는 중용인 넓이들이며,

$$x^2+y^2 \cup 2xy \qquad \cdots\cdots (1)$$

이 넓이들을 길이가 바른 선분 σ에다 붙여라. 그래서

$$x^2+y^2=\sigma u\,,\ 2xy=\sigma v \qquad \cdots\cdots\ (2)$$

그런데 σu, σv는 둘 다 중용인 넓이들이니,

$$u,\ v\text{는 둘 다 길이가 바르며, 둘 다 } \cup\ \sigma \qquad \cdots\cdots\ (3)$$

이제 (1)과 (2)에 따라서

$$\sigma u \cup \sigma v$$

그러므로 $u \cup v$

이것과 (3)에 따라서 u, v는 바르며, $u \wedge v$

그러므로 10권 법칙 36에 따라서 $u+v$는 바르지 않다.

그러므로 10권 법칙 20을 써서 추론하면, $\sigma(u+v)$는 바르지 않다.

그러므로 $(x+y)^2$은 바르지 않다. 따라서 $x+y$는 바르지 않다.

바르지 않은 선분

$$\frac{\rho\lambda^{\frac{1}{4}}}{\sqrt{2}}\sqrt{1+\frac{k}{\sqrt{1+k^2}}}+\frac{\rho\lambda^{\frac{1}{4}}}{\sqrt{2}}\sqrt{1-\frac{k}{\sqrt{1+k^2}}}$$

를 '중용인 두 넓이를 더한 것의 변'이라고 부른다.

10권 법칙 78에 나오는 바르지 않은 선분은, 더하기 기호를 빼기 기호로 바꿔 놓은 것이다. 이들은 다음 방정식의 양수근이다.

$$x^4-2\sqrt{\lambda}\,\rho^2x^2+\lambda\frac{k^2}{1+k^2}\rho^4=0$$

앞에서 나온 길이가 바르지 않은 선분들은 단 한 방법으로만 토막낼 수 있다. 그들을 원래 더해서 요구하는 조건들을 만족하도록 만든 그 방법뿐이다. 아래 보조 법칙을 증명한 다음 그것들을 증명하도록 하자.

보조 법칙

선분 AB를 그린 다음, 점 C, D를 잡아서 이 선분을 길이가 다르게 토막내라. 그리고 AC가 DB보다 더 길다고 하자. 그러면 AC, CB로 만든 정사각형들을 더한 것은 AD, DB로 만든 정사각형들을 더한 것보다 더 넓음을 보이겠다.

증명 AB의 중점 E를 잡아라. AC가 DB보다 더 기니까 양쪽에서 DC를 빼면, 나머지 AD는 나머지 CB보다 더 길다. 그런데 AE와 EB는 길이가 같다. 그러므로 DE는 EC보다 더 짧다. 그러므로 C, D는 중점으로부터 거리가 서로 다르다.

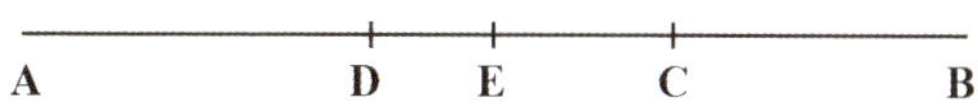

AC, CB로 만든 직사각형에다 EC로 만든 정사각형을 더하면 EB로 만든 정사각형과 넓이가 같고 [2권 법칙 5], AD, DB로 만든 직사각형에다 DE로 만든 정사각형을 더한 것도 EB로 만든 정사각형과 넓이가 같으니 [2권 법칙 5], AC, CB로 만든 직사각형에다 EC로 만든 정사각형을 더한 것은 AD, DB로 만든 직사각형에다 DE로 만든 정사각형을 더한 것과 넓이가 같다.

그런데 DE로 만든 정사각형은 EC로 만든 정사각형보다 더 좁다. 그러므로 AC, CB로 만든 직사각형은 AD, DB로 만든 직사각형보다 더 좁다. 그러므로 AC, CB로 만든 직사각형의 두 배는 AD, DB로 만든 직사각형의 두 배보다 더 좁다.

그러므로 빼고 남는 것을 생각하면 AC, CB로 만든 정사각형들을 더한 것은 AD, DB로 만든 정사각형들을 더한 것보다 더 넓다.

그러므로 이 법칙이 성립한다. □

해설 이 보조 법칙은 다음을 보이고 있다.

$x+y=u+v$ 이고, 만약 u, v가 x, y보다 서로 더 가까우면 (즉 x, y로 토막낸 것에 비해서, u, v로 토막낸 것이 중점에 더욱 가까우면), 부등식

$$x^2+y^2>u^2+v^2$$

이 성립한다.

우선 2권 법칙 5를 써서

$$2xy<2uv$$

를 증명한다. 그러면 $(x+y)^2=(u+v)^2$ 이니, 원하는 결과가 나온다.

법칙 42

이항 선분은 한 점에서만 두 성분으로 토막낼 수 있다.

증명 이항 선분 AB를 한 점 C에서 토막내서, 두 선분 AC, CB는 길이가 바르며 그들로 만든 정사각형들의 넓이만을 같이 잴 수 있다고 하자. [10권 법칙 36] AB는 다른 어떤 점을 잡아서 쪼개면 이렇게 정사각형들의 넓이만을 같이 잴 수 있도록 할 수 없음을 보여야 한다.

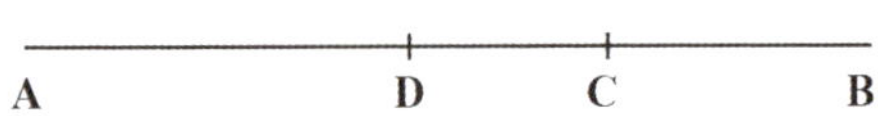

만약에 이게 가능하다면 다른 어떤 점 D를 잡아서 쪼갰는데, AD, DB의 길이가 바르며 이들로 만든 정사각형들의 넓이만을 같이 잴 수 있다고 하자.

우선 AC와 DB는 길이가 같지 않음이 명백하다. 왜냐 하면, 만

약 이 둘이 길이가 같으면 BC와 DA의 길이도 같다. 따라서 점 D는 AB를 점 C가 토막낸 것과 똑같이 토막낸다. 이건 가정과 어긋난다. 그러므로 AC와 DB는 길이가 다르다.

마찬가지 이유로 C, D는 중점에서 같은 거리에 있지 않다. 그러므로 AC, CB로 만든 정사각형들을 더한 것이 AD, DB로 만든 정사각형들을 더한 것과 얼마만큼 넓이가 차이가 나든, AD, DB로 만든 직사각형의 두 배는 AC, CB로 만든 직사각형의 두 배와 그만큼 차이가 난다. 왜냐 하면, AC, CB로 만든 정사각형들에다 AC, CB로 만든 직사각형의 두 배를 더한 것과 AD, DB로 만든 정사각형들에다 AD, DB로 만든 직사각형의 두 배를 더한 것은 AB로 만든 정사각형이 되니 서로 같기 때문이다.

그런데 AC, CB로 만든 정사각형들을 더한 것은 AD, DB로 만든 정사각형들을 더한 것과의 넓이 차이가 바르다. 왜냐 하면, 이 넓이들은 모두 바르기 때문이다. 그러므로 AD, DB로 만든 직사각형의 두 배와 AC, CB로 만든 직사각형의 두 배와의 차이도 역시 바르다. 그러나 이 넓이들은 중용이다. [10권 법칙 21] 그러니 이건 불가능하다. 중용인 넓이와 중용인 넓이는 바른 넓이만큼 차이가 날 수 없다. [10권 법칙 26] 그러므로 이항 선분은 다른 어떤 점에서 토막낼 수가 없다. 그러므로 한 점에서만 토막낼 수 있다.

그러므로 이 법칙이 성립한다. □

해설 이 법칙은, 무리수에 대해서 잘 알려져 있는 다음 성질을 증명하고 있다.

만약 $a+\sqrt{b}=x+\sqrt{y}$ 이면, $a=x$, $b=y$ 이다.

만약 $\sqrt{a}+\sqrt{b}=\sqrt{x}+\sqrt{y}$ 이면, $a=x$, $b=y$ 이다. (또는 $a=y$, $b=x$)

이 법칙은, 이항 선분을 각각의 항으로 쪼개는 방법이 한 가지뿐임을 말하고 있다.

만약에 가능하다면,

$$x+y=x'+y'$$

이고, x, y 와 x', y' 는 이항 선분의 각각의 항이라 하고, x', y' 는 x, y 와 (그리고 y, x 와) 다르다고 하자.

이들 중 어느 한 쌍이 다른 한 쌍보다 서로 더욱 가까울 것이다. x', y' 가 x, y 보다 서로 더욱 가깝다고 하자. 그런데

$$(x^2+y^2)-(x'^2+y'^2)=2x'y'-2xy$$

가정에 따라서 x^2+y^2, $x'^2+y'^2$ 은 바른 넓이들이며 $\rho^2+k\rho^2$ 형태이다. 그런데 $2x'y'$, $2xy$ 는 중용인 넓이들이며 $\sqrt{k}\,\rho^2$ 형태이다. 그러니 중용인 두 넓이의 차이가 바른 넓이가 되었다. 이것은 모순이다. [10권 법칙 26]

그러므로 x', y' 는 x, y 와 (또는 y, x 와) 다를 수가 없다.

법칙 43

첫 번째 이중용 선분은 한 점에서만 토막낼 수 있다.

증명 첫 번째 이중용 선분 AB를 한 점 C에서 토막내서, 두 선분 AC, CB는 길이가 중용이며 그들로 만든 정사각형들의 넓이만을 같이 잴 수 있고, 그들이 만드는 직사각형의 넓이는 바르다고 하자. [10권 법칙 37] 그러면 AB는 다른 어떤 점을 잡아서 이렇게 토막낼

수 없음을 보여야 한다.

만약에 이게 가능하다면 다른 어떤 점 D를 잡아서 쪼갰는데, AD, DB의 길이는 중용이며 이들로 만든 정사각형들의 넓이만을 같이 잴 수 있고, 이들이 만드는 직사각형의 넓이는 바르다고 하자.

AD, DB로 만든 직사각형의 두 배와 AC, CB로 만든 직사각형의 두 배와의 차이는 AC, CB로 만든 정사각형들을 더한 것과 AD, DB로 만든 정사각형들을 더한 것과의 차이와 같다. 그런데 AD, DB로 만든 직사각형의 두 배와 AC, CB로 만든 직사각형의 두 배는 바른 넓이만큼 차이가 난다. 왜냐 하면, 이 넓이들이 둘 다 바르기 때문이다.

그러므로 AC, CB로 만든 정사각형들을 더한 것과 AD, DB로 만든 정사각형들을 더한 것이 바른 넓이만큼 차이가 난다. 그런데 이 넓이들은 둘 다 중용이니, 이건 불가능하다. [10권 법칙 26] 그러므로 첫 번째 이중용 선분은 다른 어떤 점에서 토막낼 수 없으며, 단 한 점에서만 토막낼 수 있다.

그러므로 이 법칙이 성립한다. □

해설 이 경우도 마찬가지로 가정하고,

$$x + y = x' + y'$$

라 하자. x', y'가 x, y에 비해서 서로 더욱 가깝다고 하자.

그러면 앞에서와 마찬가지로

$$(x^2 + y^2) - (x'^2 + y'^2) = 2x'y' - 2xy$$

그런데 x, y와 x', y'의 주어진 성질에 따라서, $2xy$, $2x'y'$는

바른 넓이들이며, x^2+y^2, $x'^2+y'^2$은 중용인 넓이들이다.

그러니 중용인 두 넓이의 차이가 바른 넓이가 되었다. 이것은 모순이다. [10권 법칙 26]

법칙 44

두 번째 이중용 선분은 한 점에서만 토막낼 수 있다.

증명 두 번째 이중용 선분 AB를 한 점 C에서 토막내서, 두 선분 AC, CB는 길이가 중용이며 그들로 만든 정사각형들의 넓이만을 같이 잴 수 있고, 그들이 만드는 직사각형의 넓이는 중용이라고 하자. [10권 법칙 38] C는 중점이 아님이 명백하다. 왜냐 하면, 두 토막들의 길이를 같이 잴 수 없기 때문이다. AB는 다른 어떤 점을 잡아서 이렇게 토막낼 수 없음을 보여야 한다.

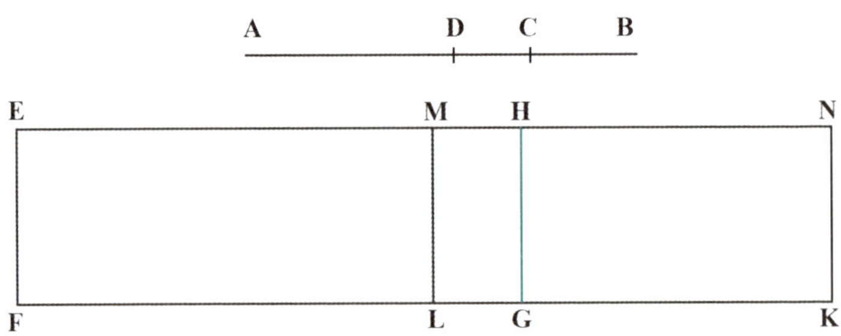

만약에 이게 가능하다면, 다른 어떤 점 D를 잡아서 쪼갰는데, AC의 길이는 DB의 길이와 다르며, AC가 더 길다고 하자. 그러면 앞에서 나온 보조 법칙에서 증명했듯이 AD, DB로 만든 정사각형들을 더한 것은 AC, CB로 만든 정사각형들을 더한 것보다 더 좁다. 그리고 AD, DB의 길이는 중용이며, 이들로 만든 정사각형들

의 넓이만을 같이 잴 수 있고, 이들이 만드는 직사각형의 넓이는 중용이라고 하자.

길이가 바른 선분 EF를 잡아라. AB로 만든 정사각형과 넓이가 같도록 직사각형 EFKN을 만들어서 EF에다 붙어라. 그리고 AC, CB로 만든 정사각형들을 더한 것과 넓이가 같도록 직사각형 EFGH를 만들어서 빼라. 그러면 나머지 HGKN은 AC, CB로 만든 직사각형의 두 배와 넓이가 같다. [2권 법칙 4] 그리고 AD, DB로 만든 정사각형들을 더한 것과 넓이가 같도록 직사각형 EFLM을 만들어서 빼라. 이것은 AC, CB로 만든 정사각형들을 더한 것보다 더 좁음을 보였다. [보조 법칙] 이 때 나머지 MLKN은 AD, DB로 만든 직사각형의 두 배와 넓이가 같다. 그런데 AC, CB로 만든 정사각형들을 더한 것은 넓이가 중용이다. 그러므로 EFGH의 넓이는 중용이다. 이것을 길이가 바른 선분 EF에다 붙였으니, EH의 길이는 바르며 EF와 길이를 같이 잴 수 없다. [10권 법칙 22] 마찬가지 이유로 HN의 길이도 바르며 EF와 길이를 같이 잴 수 없다. 그런데 AC, CB의 길이는 중용이며 이들로 만든 정사각형들의 넓이만을 같이 잴 수 있으니, AC와 CB는 길이를 같이 잴 수 없다. 그런데 AC와 CB의 비율은 AC로 만든 정사각형과 AC, CB로 만든 직사각형의 넓이 비율과 같다. 그러므로 AC로 만든 정사각형과 AC, CB로 만든 직사각형의 넓이는 같이 잴 수 없다. [10권 법칙 11]

그런데 AC, CB로 만든 정사각형들을 더한 것은 AC로 만든 정사각형과 넓이를 같이 잴 수 있다. 왜냐 하면, AC, CB로 만든 정사각형들은 넓이를 같이 잴 수 있기 때문이다. [10권 법칙 15] 그리고 AC, CB로 만든 직사각형의 두 배는 AC, CB로 만든 직사각형과 넓이를 같이 잴 수 있다. [10권 법칙 6] 그러므로 AC, CB로 만든 정사각형들을 더한 것은 AC, CB로 만든 직사각형의 두 배와 넓이를 같이 잴 수 없다. [10권 법칙 13] 그런데 EFGH는 AC, CB로 만든 정사각형들을 더한 것과 넓이가 같다. 그리고 HGKN은 AC, CB로 만든 직사각형의 두 배와 넓이가 같다. 그러므로 EFGH와 HGKN은 넓이를 같이 잴 수 없다. 그러므로 EH와 HN은 길이를 같이 잴 수 없다. [6권 법칙 1, 10권 법칙 11]

그리고 이들은 길이가 바르다. 그러므로 EH, HN은 길이가 바르며 이들로 만든 정사각형들의 넓이만을 같이 잴 수 있다. 길이가 바르며 이들로 만든 정사각형들의 넓이만을 같이 잴 수 있는 선분을 더하면, 전체 길이는 바르지 않으며 이것을 이항이라 부른다. [10권 법칙 36] 그러므로 EN은 이항 선분이며 점 H에서 토막낼 수 있다.

마찬가지 방법으로 EM, MN도 길이가 바른 선분이며 이들로 만든 정사각형들의 넓이만을 같이 잴 수 있음을 보일 수 있으니, 이항 선분 EN을 서로 다른 두 점 H, M에서 토막냈다. 그리고 EH와 MN은 길이가 다르다. 왜냐 하면, AC, CB로 만든 정사각형들을 더한 것은 AD, DB로 만든 정사각형들을 더한 것보다 더 넓고, AD, DB로 만든 정사각형들을 더한 것은 AD, DB로 만든 직사각형의 두 배보다 더 넓으니, AC, CB로 만든 정사각형들을 더한 것은 AD, DB로 만든 직사각형의 두 배보다 훨씬 더 넓다.

그러므로 EFGH는 MLKN보다 더 넓다. 그러므로 EH는 MN보다 더 길다. 그러므로 EH와 MN은 길이가 다르다. 그러나 이항 선분은 한 점에서만 토막낼 수 있으니 [10권 법칙 42], 이건 모순이다.

그러므로 이 법칙이 성립한다. □

해설 두 번째 이중용 선분이 바르지 않음(10권 법칙 38)을 보이기 위해서 이항 선분이 바르지 않음(10권 법칙 36)을 이용하였듯이, 지금 이 법칙의 경우는 10권 법칙 42를 써서 증명한다.

만약에 가능하다면, 두 번째 이중용 선분을 두 가지 방법으로 토막냈다고 하자. 즉

$$x+y=x'+y'$$

이고, x', y'는 x, y보다 서로 더욱 가깝다고 하자.

두 넓이 x^2+y^2, $2xy$를 길이가 바른 선분 σ에다 붙여라. 즉

$$x^2+y^2=\sigma u,\ 2xy=\sigma v$$

라 하자.

그러면 10권 법칙 38에서와 마찬가지로, x^2+y^2, $2xy$는 중용인 넓이이다. 그러므로 σu, σv는 중용인 넓이이다.

그러므로 선분 u, v는 둘 다 바르며, $\cup\ \sigma$ 이다. …… (1)

그리고 가정에 따라서 x, y는 중용인 선분들이며 이들로 만든 정사각형들의 넓이만을 같이 잴 수 있다. 그러므로

$$x \cup y$$

따라서 $$x^2 \cup xy$$

그런데 $x^2 \cap x^2+y^2$ 이고, $xy \cap 2xy$ 이니, 따라서

$$x^2+y^2 \cup 2xy$$

즉 $$\sigma u \cup \sigma v$$

그러므로 $$u \cup v \qquad \cdots\cdots (2)$$

그러므로 (1)과 (2)에 따라서, u, v는 바른 선분들이며 이들로 만든 정사각형들의 넓이만을 같이 잴 수 있다. 그러므로 $u+v$는

이항 선분이다.

마찬가지로, 만약 $x'^2 + y'^2 = \sigma u'$, $2x'y' = \sigma v'$ 라 하면, $u' + v'$는 이항 선분이 된다.

그런데 $(x+y)^2 = (x'+y')^2$ 이니, $u+v = u'+v'$ 이다. 그러니 이항 선분을 두 가지 방법으로 토막냈다. 그러나 이것은 불가능하다. [10권 법칙 42]

그러므로 주어진 두 번째 이중용 선분 $x+y$는 한 가지 방법으로만 토막낼 수 있다.

$u+v$, $u'+v'$가 같은 선분을 '다른 방법으로' 토막낸 것임을 보이기 위해서, 유클리드는 $x^2+y^2 > 2xy$라고 가정하였다. 물론 이것은 2권 법칙 7로부터 쉽게 이끌어 낼 수 있다. 그러나 이것을 여기에서 받아들이고 있는 것을 보면, 10권 법칙 59 뒤의 보조 법칙은 후대 사람들이 덧붙인 것이 아닌가 생각된다.

법칙 45

대선분은 단 한 점에서만 토막낼 수 있다.

증명 대선분 AB를 한 점 C에서 토막냈다고 하자. 그래서 AC, CB로 만든 정사각형들은 넓이를 같이 잴 수 없고, 정사각형들을 더한 넓이는 바르며, AC, CB로 만든 직사각형의 넓이는 중용이라고 하자. [10권 법칙 39] 그러면 AB는 다른 어떤 점을 잡아서 이렇게 토막낼 수 없음을 보여야 한다.

만약에 이게 가능하다면, 다른 어떤 점 D를 잡아서 토막냈는데, AD, DB로 만든 정사각형들은 넓이를 같이 잴 수 없고, 정사각형들을 더한 넓이는 바르며, 이들이 만드는 직사각형의 넓이는 중용이라고 하자.

AC, CB로 만든 정사각형들을 더한 것과 AD, DB로 만든 정사각형들을 더한 것이 넓이 차이가 얼마이든, AD, DB로 만든 직사각형을 두 배 한 것과 AC, CB로 만든 직사각형을 두 배 한 것은 꼭 그만큼 넓이 차이가 난다. 그런데 AC, CB로 만든 정사각형들을 더한 것과 AD, DB로 만든 정사각형들을 더한 것은 넓이 차이가 바르다. 왜냐 하면, 둘 다 넓이가 바르기 때문이다. 따라서 AD, DB로 만든 직사각형의 두 배와 AC, CB로 만든 직사각형의 두 배도 넓이 차이가 바르다.

그런데 이들은 둘 다 넓이가 중용이니, 이건 불가능하다. [10권 법칙 26] 그러므로 대선분은 다른 점에서 토막낼 수 없으며, 단 한 점에서만 토막낼 수 있다.

그러므로 이 법칙이 성립한다. □

해설 만약에 가능하다면, 대선분을 서로 다른 방법으로 각각의 항으로 토막냈다고 하자. 즉 $x+y$와 $x'+y'$가 된다고 하자. 그리고 x', y'는 x, y보다 서로 더욱 가깝다고 하자.

그러면 10권 법칙 42, 43에서처럼

$$(x^2+y^2)-(x'^2+y'^2)= 2x'y'-2xy$$

그런데 가정에 따라서 x^2+y^2, $x'^2+y'^2$은 둘 다 바르며, 따라서 그 차이도 바르다.

그리고 역시 가정에 따라서 $2x'y'$, $2xy$는 둘 다 중용인 넓이들이다. 그러니 중용인 두 넓이의 차이가 바른 넓이가 되었다. 이것은 불가능하다. [10권 법칙 26]

법칙 46

바른 넓이와 중용인 넓이를 더한 것의 변은 단 한 점에서만 토막낼 수 있다.

증명 선분 AB가 바른 넓이와 중용인 넓이를 더한 것의 변이라고 하자. 점 C를 잡아 토막내서, AC, CB로 만든 정사각형들의 넓이는 같이 잴 수 없고, 정사각형들을 더한 넓이는 중용이며, AC, CB가 만드는 직사각형의 두 배는 넓이가 바르다고 하자. [10권 법칙 40] 그러면 AB는 다른 어떤 점을 잡아서 이렇게 토막낼 수 없음을 보이겠다.

만약에 이게 가능하다면, 다른 어떤 점 D를 잡아서 토막냈는데, AD, DB로 만든 정사각형들은 넓이를 같이 잴 수 없고, 정사각형들을 더한 넓이는 중용이며, AD, DB로 만든 직사각형의 두 배는 넓이가 바르다고 하자.

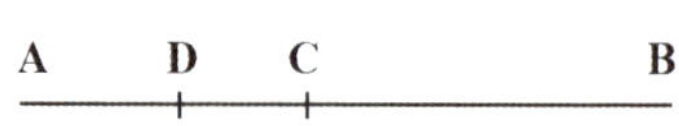

AC, CB로 만든 직사각형의 두 배와 AD, DB로 만든 직사각형의 두 배가 넓이 차이가 얼마이든, AD, DB로 만든 정사각형들을 더한 것과 AC, CB로 만든 정사각형들을 더한 것은 꼭 그만큼 넓이 차이가 난다.

그런데 AC, CB로 만든 직사각형의 두 배는 AD, DB로 만든 직사각형의 두 배와 넓이 차이가 바르다. 그러므로 AD, DB로 만든 정사각형들을 더한 것과 AC, CB로 만든 정사각형들을 더한 것도 넓이 차이가 바르다.

그러나 이들은 넓이가 중용이니, 이건 불가능하다. 그러므로 바른 넓이와 중용인 넓이를 더한 것의 변은 다른 점에서 토막낼 수 없으며, 단 한 점에서만 토막낼 수 있다.

그러므로 이 법칙이 성립한다. □

이 경우도 앞에서와 마찬가지로

$$(x^2 + y^2) - (x'^2 + y'^2) = 2x'y' - 2xy$$

가정에 따라서 왼쪽 변의 넓이들은 둘 다 중용이며, 오른쪽 변의 넓이들은 둘 다 바르다. 그러니 10권 법칙 26의 결과에 어긋나며, 이것은 모순이다.

법칙 47

중용인 두 넓이를 더한 것의 변은 단 한 점에서만 토막낼 수 있다.

증명 선분 AB에서 점 C를 잡아 토막내서, AC, CB로 만든 정사각형들의 넓이는 같이 잴 수 없고, 정사각형들을 더한 넓이는 중용이며, AC, CB가 만드는 직사각형의 넓이는 중용이며, 직사각형의 넓이와 정사각형들을 더한 넓이는 같이 잴 수 없다고 하자. 그러면 AB는 다른 어떤 점을 잡아서 토막내면 이 조건들을 모두 만족하도록 만들 수 없음을 보여야 한다.

만약에 이게 가능하다면, 다른 어떤 점 D를 잡아서 토막냈다고 하자. 물론 AC와 BD의 길이는 다르며, AC가 더 길다고 하자.

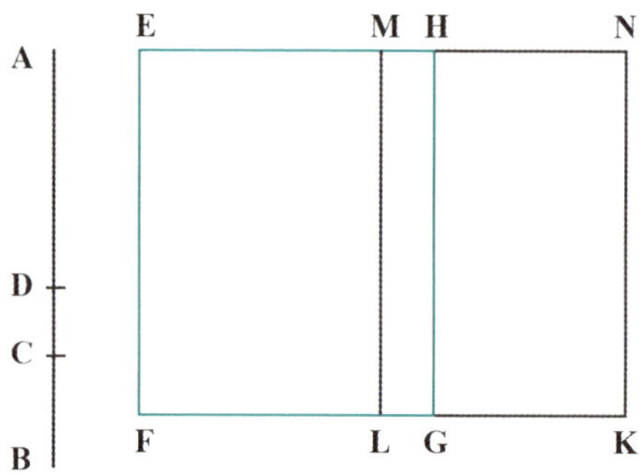

길이가 바른 선분 EF를 잡아라. AC, CB로 만든 정사각형들을 더한 것과 넓이가 같도록 직사각형 EFGH를 만들어서 EF에다 붙여라. AC, CB로 만든 직사각형의 두 배와 넓이가 같도록 직사각형 HGKN을 만들어서 붙여라. 그러면 EFKN 전체는 AB로 만든 정사각형과 넓이가 같다. [2권 법칙 4]

AD, DB로 만든 정사각형들을 더한 것과 넓이가 같도록 직사각형 EFLM을 만들어서 EF에다 붙여라. 그러면 나머지, 즉 AD, DB로 만든 직사각형의 두 배는 나머지 MLKN과 넓이가 같다.

그런데 가정에 따라서 AC, CB로 만든 정사각형들을 더한 것은 넓이가 중용이다. 그러므로 EFGH의 넓이는 중용이다. 그런데 이것을 길이가 바른 선분 EF에다 붙였으니, HE의 길이는 바르며 EF와 길이를 같이 잴 수 없다. [10권 법칙 22] 마찬가지 이유로 HN의 길이는 바르며 EF와 길이를 같이 잴 수 없다.

AC, CB로 만든 정사각형들을 더한 것은 AC, CB로 만든 직사각형의 두 배와 넓이를 같이 잴 수 없으니, EFGH와 HGKN은 넓이를 같이 잴 수 없다. 따라서 EH와 HN은 길이를 같이 잴 수 없다. [6권 법칙 1, 10권 법칙 11] 그리고 이들은 길이가 바르다. 따라서 EH, HN은 길이가 바르며 이들로 만든 정사각형들의 넓이만을 같이 잴 수 있다. 그러므로 EN은 이항 선분이며, 점 H가 EN을 토막내고 있다. [10권 법칙 36]

마찬가지 방법으로 점 M이 EN을 토막내고 있음을 보일 수 있다. 그리고 EH와 MN은 길이가 다르다. 그러므로 이항 선분을 서로 다른 두 점에서 토막냈다. 그러나 이건 불가능하다. [10권 법칙 42] 그러므로 중용인 두 넓이를 더한 것의 변은 다른 점에서 토막낼 수 없으며, 단 한 점에서만 토막낼 수 있다.

그러므로 이 법칙이 성립한다. □

해설 10권 법칙 44를 설명할 때와 마찬가지 기호를 사용하자. 만약에 가능하다면

$$x + y = x' + y'$$

라 하자. 그리고

$$x^2 + y^2 = \sigma u,\ 2xy = \sigma v,\ x'^2 + y'^2 = \sigma u',\ 2x'y' = \sigma v'$$

라 놓아라.

그러면 $x^2 + y^2$, $2xy$는 둘 다 중용인 넓이이며 σ는 바르니,

u, v는 둘 다 바르며, $\cup\ \sigma$ …… (1)

그리고 가정에 따라서 $x^2 + y^2 \cup 2xy$

그러므로 $u \cup v$ …… (2)

그러므로 (1)과 (2)에 따라서, u, v는 바르며, $u \wedge v$

그러므로 $u + v$는 이항 선분이다. [10권 법칙 36]

마찬가지 이유로 $u' + v'$도 이항 선분이다.

그런데 $u + v = u' + v'$

그러므로 이항 선분을 두 가지 다른 방법으로 토막냈다. 그러나 이것은 불가능하다. [10권 법칙 42]

clidean
ometry

주요 수학자, 편찬가 및 주석자 소개

ㄱ

그레고리 (Gregory of St. Vincent, 1584 ~ 1667) : 예수회 수학자. 기하 급수의 합을 최초로 제시하였고, 쌍곡선 도형의 넓이를 연구하였다. 1647년에 [Opus geometricum quadraturae circuli et sectionum coni]를 출판하였다.

ㄴ

네셀만 (Georg Heinrich Ferdinand Nesselmann, 1811 ~ 1881) : 독일의 동양학자, 수학사학자.

ㄷ

데데킨트 (Richard Dedekind, 1831 ~ 1916) : 독일의 수학자. 실수를 정의하는 '데데킨트 컷'으로 유명하다.

데모크리투스 (Democritus, B.C. 460 ~ B.C. 370) : 고대 그리스의 철학자. '원자론'으로 유명하다.

드모건 (Augustus De Morgan, 1806 ~ 1871) : 영국의 수학자, 논리학자. '수학적 귀납법'을 엄밀하게 만들었다.

디오게네스 라에티우스 (Diogenes Laertius, ? ~ A.D. 3세기 무렵) : 로마 제국 시대의 저술가로서, 고대 철학자들의 삶과 견해에 관한 책을 저술하였다.

ㄹ

레오나르도 (Leonardo Fibonacci, 1175 ~ 1250) : 이탈리아 피사 공화국의 수학자. '피보나치 수열'로 유명하다.

로렌츠 (Johann Friedrich Lorenz, 1737 ~ 1807) : 독일의 수학자, 교육자.

로리아 (Gino Benedetto Loria, 1862 ~ 1954) : 이탈리아의 수학자.

ㅂ

발렌스 (Vettius Valens, 120 ~ 175) : 로마 제국 시대의 천문학자, 점성술가.

빌링슬리 (Sir Henry Billingsley, ? ~ 1606) : 영국의 부유한 상인. [기하학 원론]을 번역하여 1570년에 출판하여서, 영국에 [기하학 원론]을 최초로 소개하였다.

ㅅ

수터 (Heinrich Suter, 1848 ~ 1922) : 독일의 과학사학자. 이슬람 수학, 천문학이 전문 분야였다.

스테빈 (Simon Stevin, 1548 ~ 1620) : 네덜란드의 수학자, 물리학자, 공학자.

스티펠 (Michael Stifel, 1487 ~ 1567) : 독일의 수도사, 수학자.

스톨츠 (Otto Stolz, 1842 ~ 1905) : 오스트리아의 수학자.

심슨 (Robert Simson, 1687 ~ 1768) : 스코틀랜드 수학자. 글래스고우대학 교수. 1756년에 [기하학 원론]의 앞부분 여섯 권을 영어와 라틴어로 번역, 출판하였으며, 1762년에 유클리드의 [Data]를 출판하였다. 이 책들은 영국에서 유클리드의 표준 교재로서 오랜 세월 널리 사용되었다.

ㅇ

아르키메데스 (Archimedes, B.C. 287 ~ B.C. 212) : 고대 그리스의 위대한 수학자, 물리학자. 뉴턴, 가우스와 더불어 역사상 가장 위대한 3대 수학자로 간주된다. 소진법을 사용하여 정적분의 기법을 완성하였으며,

구의 부피와 겉넓이를 구하였다. [구와 원기둥], [포물선 도형의 넓이], [평면들의 평형], [원뿔과 회전체], [원의 측정], [모래알 세기], [Method] 등등의 저서를 남겼다.

아리스토텔레스 (Aristoteles, B.C. 384 ~ B.C. 322) : 고대 그리스의 위대한 철학자. 플라톤의 제자. [형이상학], [자연학], [천체론], [영혼에 관하여], [변증론], [문제집], [범주론], [분석론 전서], [분석론 후서], [기상학], [니코마쿠스 윤리학] 등등 많은 저서를 남겼다.

아폴로니우스 (Apollonius of Perga, 서기전 3세기말 무렵) : 고대 그리스의 수학자. 원뿔곡선을 연구한 것으로 유명하다.

올만 (George Johnston Allman, 1824 ~ 1904) : 아일랜드의 수학자, 수학사학자. [Greek Geometry from Thales to Euclid]를 저술하였다.

웨프케 (Franz Woepcke, 1826 ~ 1864) : 독일의 수학자, 역사학자.

윌리암슨 (James Williamson) : 영국의 수학자. 1781년, 1788년에 [기하학 원론]을 편찬, 출판하였다.

유데무스 (Eudemus of Rhodes, B.C. 370 ~ B.C. 300) : 고대 그리스의 철학자. 아리스토텔레스의 제자. 아리스토텔레스의 저작들을 편찬하였으며, [기하학의 역사], [산술학의 역사], [천문학의 역사]를 저술하였다.

유독수스 (Eudoxus of Cnidus, B.C. 390 ~ B.C. 337) : 고대 그리스의 철학자, 수학자. 플라톤의 제자. 유리수들로써 같이 잴 수 없는 양들에 대해서도 적용할 수 있는 올바른 비율 이론을 정립하였다.

ㅈ

쪼이텐 (Hieronymus Georg Zeuthen, 1839 ~ 1920) : 덴마크의 수학자, 수학사학자.

ㅋ

카르다노 (Gerolamo Cardano, 1501 ~ 1576) : 이탈리아의 수학자. 삼차

방정식의 풀이법을 밝힌 [아르스 마그나]를 출판한 것으로 유명하다.

칸토어 (Moritz Cantor, 1829 ~ 1920) : 독일의 수학사학자. [Geschichte der Mathematik]을 저술하였다. 집합론을 창시한 '게오르그 칸토어'와는 다른 인물임.

코살리 (Pietro Cossali, 1748 ~ 1815) : 이탈리아의 수학자.

크리스탈 (George Chrystal, 1851 ~ 1911) : 스코틀랜드의 수학자.

ㅌ

탄네리 (Paul Tannery, 1843 ~ 1904) : 프랑스의 수학자, 수학사학자.

테아에테투스 (Theaetetus of Athens, B.C. 417 ~ B.C. 368) : 고대 그리스의 수학자. 무리수를 연구하였으며, 정다면체는 다섯 개임을 증명하였다. 소크라테스와 플라톤의 친구로서, 플라톤의 책 [테아에테투스]에서 소크라테스와 토론을 하는 상대로 등장한다.

테오도루스 (Theodorus of Cyrene, 서기전 5세기 무렵) : 리비아 키레네의 그리스인 수학자.

테온 (Theon of Smyrna, ? ~ 서기 100년 무렵) : 고대 그리스의 철학자, 수학자. 플라톤 철학에 대한 해설을 남겼다.

테온 (Theon of Alexandria, 335 ~ 405) : 로마 제국 시대, 이집트 알렉산드리아의 수학자. [기하학 원론]을 편찬하였으며, 유클리드, 프톨레미의 저작들에 대해서 해설을 남겼다.

ㅍ

파치올로 (Luca Paciuolo, 1447 ~ 1517) : 이탈리아의 신부, 수학자.

파푸스 (Pappus of Alexandria, 290 ~ 350) : 로마 제국 시대, 이집트 알렉산드리아의 수학자. 고대의 마지막 위대한 수학자로서, 여러 수학 분야를 망라한 방대한 저작을 남겼다.

팔레르모 (Johannes Palermo, 13세기 초): 이탈리아의 철학자. 아랍어로 된 그리스 고전들을 라틴어로 번역하였다.

포셀거 (Friedrich Theodor Poselger, 1771 ~ 1838) : 독일의 수학자, 수학사학자.

프로클루스 (Proclus Lycaeus, 412 ~ 485) : 신플라톤주의 철학자. 고대의 마지막 위대한 철학자 중의 한 명이며, 신플라톤주의 철학을 완성하였다. 중세 서양 철학에 크게 영향을 끼쳤다.

프톨레미 (Claudius Ptolemy, 100 ~ 170) : 로마 제국 시대, 이집트 알렉산드리아의 위대한 천문학자. [알마게스트]를 저술하였다.

플라톤 (Platon, B.C. 428 ~ B.C. 348) : 고대 그리스의 위대한 철학자. 소크라테스의 제자, 아리스토텔레스의 스승. 아테네에 아카데미를 설립하였으며, 철인 정치를 주장하였다. [테아에테투스], [소피스트], [법률], [국가론] 등등의 저서를 남겼다.

피타고라스 (Pythagoras of Samos, B.C. 570 ~ B.C. 495) : 고대 그리스의 위대한 수학자, 철학자. 그의 사상은 플라톤에 의해 계승되어 서양 철학에 지대한 영향을 끼쳤다. 수학에서는 '피타고라스의 정리'로 유명하다.

ㅎ

하이베르그 (Johan Ludvig Heiberg, 1854 ~ 1928) : 덴마크의 역사가, 고문헌학자. [기하학 원론]을 번역, 편찬하였다.

허쉬 (Meier Hirsch, 1765 ~ 1851) : 독일의 수학자.

헤론 (Heron of Alexandria, 10 ~ 70) : 로마 제국 시대, 이집트 알렉산드리아의 수학자, 공학자.

훌트쉬 (Friedrich Hultsch, 1833 ~ 1906) : 독일의 고문헌학자, 수학사학자.

제2판

기하학원론 (마) – 상 제 10 권

제2판발행 2018년 12월 10일

지은이 유클리드
옮긴이 이무현
펴낸이 오판근
펴낸곳 (주) 교우
주 소 서울시 동대문구 약령시로 8 교우빌딩 2층 (주)교우
전 화 02-925-2861 / **팩 스** 02-925-2860. **편집부** 02-925-2825
홈페이지&북스토어 www.kyowoo.co.kr / **이메일** kyowoo@kyowoo.co.kr

등 록 1994년 3월 24일 제1994-000013호
ISBN 979-11-251-0263-2 (44410) / 979-11-251-0241-0 (세트)

Published by Kyowoo Co., Ltd. Printed in Korea

(주) 교우는 보다 혁신적이고 참신한 도서를 다양하게 기획하고 있습니다.
책으로 펴내고자 하는 아이디어나 원고는 메일로 보내주세요.
(주) 교우는 전과정을 책임지고 최선을 다하겠습니다.

값 19,000원

교우미디어는 (주) 교우의 Imprint 사입니다.
수학정원·과학정원은 (주) 교우의 새로운 브랜드명입니다.

잘못된 책은 구입하신 서점에서 교환해 드립니다.